煤矿冲击地压典型事故
十 例 十 解

编著　齐庆新　　赵善坤
　　　张　寅　　刘　军
　　　李海涛
审定　桂来保　　张文杰
　　　郑行周　　牛　军

应急管理出版社

·北　京·

图书在版编目（CIP）数据

煤矿冲击地压典型事故十例十解/齐庆新等编著 . – – 北京：应急
管理出版社，2021

ISBN 978 – 7 – 5020 – 8642 – 8

Ⅰ.①煤⋯　Ⅱ.①齐⋯　Ⅲ.①煤矿—冲击地压—案例　Ⅳ.①TD324

中国版本图书馆 CIP 数据核字（2021）第 080884 号

煤矿冲击地压典型事故十例十解

编　　著	齐庆新　赵善坤　张　寅　刘　军　李海涛
责任编辑	闫　非　张　成
责任校对	赵　盼
封面设计	于春颖

出版发行　应急管理出版社（北京市朝阳区芍药居 35 号　100029）
电　　话　010 – 84657898（总编室）　010 – 84657880（读者服务部）
网　　址　www. cciph. com. cn
印　　刷　北京玥实印刷有限公司
经　　销　全国新华书店

开　　本　787mm×1092mm $^1/_{16}$　印张　12 $^3/_4$　字数　227 千字
版　　次　2021 年 5 月第 1 版　2021 年 5 月第 1 次印刷
社内编号　20200831　　　　　　　定价　45.00 元

序

　　煤炭是我国的主体能源，保障煤炭的安全开采和稳定供给，对实现国家经济社会的高质量发展具有重要作用。随着煤矿开采深度的不断增加和开采强度的不断加大，煤矿冲击地压事故时有发生，已成为影响我国煤矿安全的主要灾害。特别是 2018 年山东能源集团龙郓煤矿"10·20"重大冲击地压事故发生后，习近平总书记作出了重要指示，各地区、各部门、各企业认真贯彻落实，推动了全国煤矿冲击地压防治工作，取得了初步成效。由于冲击地压问题的复杂性和对冲击地压灾害的认识不够，全国煤矿冲击地压防治工作问题仍然比较突出，又相继发生了 2019 年吉林省龙家堡煤矿"6·9"、2019 年河北省唐山煤矿"8·2"、2020 年山东省新巨龙煤矿"2·22"等 3 起较大冲击地压事故，暴露出我国冲击地压防治形势依然严峻复杂，治理任务仍然十分艰巨。

　　为进一步贯彻落实习近平总书记重要指示精神，深刻汲取事故教训，坚决防范遏制煤矿冲击地压事故，2020 年 8 月 10 日，国务院安委会印发了《关于进一步贯彻落实习近平总书记重要指示精神坚决防范遏制煤矿冲击地压事故的通知》(安委 2020〔6〕号)。按照《通知》精神，国家煤矿安监局组织中国煤炭科工集团，在有关高校和企业的配合下，通过对近 10 年来我国煤矿冲击地压灾害事故的全面分析，梳理出 10 个典型冲击地压案例，并进行了深入研究与剖析，形成可供煤矿工程技术、安全管理、监管监察、安全科研人员学习使用的专项教材。在此代表国家煤矿安监局向参加编写的人员表示衷心的感谢！

　　同时，希望煤矿企业、煤矿安全监管监察部门要高度重视煤矿冲击地压问题，通过对本书的学习，提高对冲击地压灾害的认识和防治水平，有效防范和坚决遏制煤矿冲击地压事故。

国家煤矿安全监察局副局长　桂来保

2020 年 11 月　北京

前　　言

冲击地压作为我国煤矿开采中一种典型动力灾害，尽管已经有近90年的历史，但过去由于我国煤矿开采深度较浅、开采方法多采用炮采等非机械化作业方式、开采强度较低等原因，冲击地压灾害虽在一些个别煤矿偶有发生，但总体上不是煤矿开采的主要灾害，没有对我国煤矿安全构成严重威胁。进入20世纪80年代以来，随着我国煤矿开采机械化水平的不断提高，采煤方法逐步由过去的炮采向普通机械化、综合机械化和综采放顶煤开采发展。前期，由于煤矿开采机械化水平不高、开采强度和平均采深不大，冲击地压主要发生在采深相对较大、顶板和煤层较硬的矿井，如北京的门头沟煤矿、枣庄的陶庄煤矿、大同的忻州窑煤矿、新汶的华丰煤矿等。这些矿井采深在500～800 m，煤层、顶板和底板强度高，俗称"三硬"煤层。进入21世纪后，我国改革开放进入新的阶段，煤炭需求量和生产量迅速增加，生产技术水平不断提高，采煤工作面单产每年达到几百万吨、甚至千万吨水平。随着煤矿开采深度和开采强度的不断增加，煤矿冲击地压灾害由以往的主要集中在个别老矿区、东部矿区逐渐向全国扩展：我国西部的华亭、窑街，新疆的神新等煤炭企业主力生产矿井相继发生冲击地压事故。10年前，冲击地压尚没有引起大家的足够重视，一方面是对冲击地压认识不够，另一方面是由于这期间瓦斯、水害等事故占据主导地位。对冲击地压认识的一个转折点是2011年11月3日发生在河南义马千秋煤矿的冲击地压事故。事故发生时共有74人被困井下巷道中，虽经全力救援，仍造成10人死亡、64人受伤。当时，中央电视台全程直播了这起事故救援过程，这在全国是首次。近年来，随着东部老矿区逐步向深部开采，内蒙古鄂尔多斯深部矿区和陕西彬长矿区大型、特大型矿井的不断开发，煤矿冲击地压现象、事件和事故时有发生。冲击地压已成为影响我国煤矿安全生产的主要灾害，对煤矿安全生产构成严重威胁。特别是 2018 年 10 月 20 日发生在山东能源集团龙郓煤矿的冲击地压事故，造成 21 人死亡，引起了党中央、国务院的高度重视。

为了深入贯彻落实习近平总书记的重要指示精神，普及煤矿冲击地压知识，系统总结我国煤矿冲击地压事故教训，提高冲击地压监测预警的准确性和防治的有效性、针对性，在国家煤矿安全监察局的统一领导下，编著者组织有关单位和专家学者，对我国煤矿以往发生的典型冲击地压事故进行了较系统的分析和梳理，并从中选择了 10 个冲击地压事故案例进行针对性分析：在分析矿井条件、冲击地压事故情况的基础上，重点分析了事故案例的特点、典型性、经验教训等。

本书是在全国上下抗击新冠肺炎疫情斗争过程中开展并完成的，具体工作得到了有关集团及相关矿井的大力支持，在此表示衷心感谢。

由于编著者水平有限，书中难免有不足，甚至可能存在错误之处，敬请广大读者批评指正！

编著者

2020 年 11 月

目　　次

1　千秋煤矿"11·3"冲击地压事故

1.1　事故概况

2011 年 11 月 3 日 19:18，河南义马煤业集团股份有限公司千秋煤矿发生重大冲击地压事故，地震台网监测发现义马市发生 2.9 级地震，ESG 微震监测能量为 4.5×10^7 J，KZ-301 矿震监测震级 4.1 级。事故造成 10 人死亡、64 人受伤，直接经济损失 2748.48 万元。

事故发生地点位于矿井西部二水平 21 采区下山西翼 21221 工作面下巷。21 采区主采煤层为 2-1 煤和 2-3 煤。2-1 煤层倾角 9°~14°，全层厚 0.14~7.40 m，平均厚度 3.6 m。煤层结构较为复杂，含夹矸 1~4 层，稳定夹矸两层，其中一层矸厚 0.4 m，为细粒砂岩，对回采有较大影响。2-1 煤顶板为泥岩，厚度 4.4~42.2 m，平均厚度 24 m，岩性致密、均一，裂隙不发育，由东向西逐渐加厚，属一级顶板。2-3 煤层厚度 0.20~7.73 m，平均厚 4.21 m。2-3 煤顶板岩性以中砂岩为主，局部为粉砂岩或泥岩，厚 0~27 m，属中等稳定二级顶板。2-3 煤底板岩性复杂，由砾岩、砂岩、粉砂岩、泥岩及含砾相土岩组成，厚度 0.3~32.81 m。2-1 煤、2-3 煤两层煤合并后厚度 3.89~11.10 m。21221 工作面下巷穿过 2-1 煤和 2-3 煤合并带。合并带为煤层厚度变化大、工作面接近落差 50~500 m 的 F_{16} 逆断层，原岩地应力高，具备发生冲击地压的条件。

综合分析认为，本次冲击地压事故为由扩修扰动诱发断层活化的冲击地压事故，是一起责任事故。

1.2　矿井概况

千秋煤矿是义马煤业集团股份有限公司骨干矿井之一，始建于 1956 年，1958 年简易投产，设计生产能力 60 万 t/a，核定矿井生产能力 210 万 t/a。矿井开拓方式为立井、斜井、单翼两水平上下山混合式开拓：一水平大巷标高 +320 m，大巷总长度 7500 m；二水平标高 +65 m，大巷长度 600 m。一水平已基本开采完毕，主要生产水平在二水平，主采煤层为侏罗系 2-1、2-3 煤，主采区为 21 采区，配采区为 23 采区。矿井"六证"齐全有效。2010 年矿井瓦斯等级鉴定为低瓦斯。煤尘具有爆炸危险性，属于容易自燃煤层。该矿为严重冲击地压矿井。

1.2.1 地理位置、交通情况、地形地貌

千秋煤矿位于河南省三门峡义马市境内，在洛阳至三门峡之间，属义马市千秋镇辖区。工业广场北 1 km 为 310 国道，向北 5 km 为连霍高速公路。陇海铁路从井田中央斜切穿过，矿井有 4.0 km 长的铁路专用线与陇海铁路相接，交通极为便利。千秋煤矿西部和耿村煤矿相邻，东北和北露天煤矿相邻，东南和跃进煤矿相邻。

该矿所处地区地形复杂，属低山丘陵区，地形呈南高北低形态，南部构成东西向分水岭，井田内南北向及东西向冲沟发育。井田水文地质条件较为简单，只有 3 层弱含水层，即第四系河流石层、第三系砾岩及底层煤以下的砾岩层，各含水层均有稳定的隔水层存在。井田内地下水的补给水源主要是大气降水、地表水，各含水层裂隙发育程度低，透水性差，地下水交替缓慢，径流条件差。矿井正常涌水量为 250 m³/h，最大涌水量为 345 m³/h。

1.2.2 井田范围

千秋煤矿处于义马煤田中部，地理坐标：东径 111°45′11″~111°51′05″，北纬 34°41′36″~36°43′16″。井田东西走向长 4.0~8.5 km，南北倾斜长 1.4~4.0 km，井田面积 17.986 km²。

1.2.3 矿井生产能力及服务年限

千秋煤矿始建于 1956 年，1958 年简易投产，原设计生产能力 60 万 t/a，1960 年达到设计能力，2006 年核定生产能力为 152 万 t/a，2007 年利用国补资金进行改造，生产能力由 152 万 t/a 提高到 210 万 t/a（河南省煤炭工业管理局于 2007 年 11 月批复为 210 万 t/a）。井田内工业储量 21319 万 t，可采储量 14821 万 t，服务年限 63 年。

1.2.4 矿井生产系统

千秋煤矿采用立井、斜井、单翼两水平上下山混合式开拓方式，共有 6 个进风井、2 个回风井，通风方式为混合抽出式通风。井下共分为 7 个采区，大部分采区开采已基本结束，主要在二水平生产，主采区为 21 采区，配采区为 23 采区。21 采区有两个采煤工作面：即 21141 综放工作面和 21172 综放工作面；两个掘进工作面：即 21221 上巷和 21221 下巷。

（1）矿井运煤系统。运煤经过：采煤工作面 → 21 采区皮带下山 → 二水平皮带大巷 → 皮带暗斜井，一部分煤流经四号井运至地面，一部分煤流经一水平轨道大巷和主井运至地面。

（2）供电系统。共有地面变电所、新井变电所、一水平中央变电所、二

水平变电所4个变电所，由三十里铺35 kV变电所和6 kV母线双回路供电，担负矿井所有的提升、运输、通风、排水、压风、瓦斯抽放和生活用电。

（3）中央泵房。矿井在两个水平各有一个中央泵房：一水平中央泵房位于副井底，一水平各个涌水点流入副井底中央泵房，由中央泵房排到地面，水仓容积2250 m³；二水平大巷泵房位于二水平车场口西130 m处，水仓容积2240 m³，均按"一用一备一检修"模式配备水泵。井下供水系统分为浑水注浆、喷雾撒尘管路和设备用清水两个系统。

（4）矿井通风。方式为混合式通风，方法为抽出式，共有6个进风井：主井、副井、三号进风斜井、四号进风斜井、原四号回风井及新材料井，2个回风井：三号回风井、新回风井。矿井总进风量7313 m³/min，总回风量7433 m³/min。压风主管路为DN100 mm无缝钢管，分管路管径均为DN75 mm无缝钢管。分管路从压风机房通过井筒到二水平大巷车场口分为两趟：一趟经二水平西大巷到进风下山上部，一趟经二水平东大巷到21区皮带下山底部，通至各采掘工作地点压风自救管路。

（5）安全监控系统。井下安装风速、风门、CO、CH_4、开停、负压等传感器、断电控制器十余种，已形成了一个较为全面的安全监测监控系统，能够及时准确反映井下的各种环境变化。人员定位系统型号为KJ282，于2009年7月份开始安装，在新材料井口和副井口各安设一台LED大屏，井下安设分站44台，识别卡3200张左右，电源9台，线路30000 m。

（6）防尘洒水系统。矿井建有完善的防尘洒水管路系统，四号井工业广场有4个容积为1000 m³防尘水池，井下一水平二绕道和二水平东大巷处各有一容量1000 m³的防尘水池。主管路连同支管路构成矿井防尘供水、洒水系统，井下各采掘工作面、转载点都配齐了喷雾和防尘帘、隔爆设施。喷浆、修巷工作地点下风侧安设净化水幕，采用湿式打眼。

（7）制氮机。矿井在新井口装备1000 m³/h地面固定式制氮机2台，井下注氮主管路为DN100 mm无缝钢管，长度2200 m，注氮支管路为DN80 mm无缝钢管，长度4800 m。注氮管路流程：新井工业广场→新材料井→二水平轨道大巷→21区轨道下山→各采掘工作面。

（8）瓦斯抽放泵站。矿井在地面和井下有两个瓦斯抽放泵站，安装水循环真空瓦斯抽放泵7台，铺设瓦斯抽放管路7345 m。地面瓦斯抽放泵站内安设两台2BEC52型和一台2BEC62型水环式真空泵，主管路采用DN400 mm无缝钢管；井下移动瓦斯抽放泵站安设两台2BEC40型和两台2BEC42型水环式真空泵，主管路采用DN300 mm螺旋管。地面和井下两套抽放系统都有独立抽放管路，通过阀门控制可以相互调节抽放。

（9）通信系统。矿井使用通信系统交换机 2 台，型号为 HRD – 512C 型，共计容量为 256 门。矿井井下共安装防爆电话机 83 余部，地面值班室、办公室安装电话机 60 余部，通信系统完全能够满足煤矿特殊工作环境的通信需求。通信系统井上可供风机房、绞车房、变电所、井口调度室、五职矿长、门岗监控室、机电科、仓库等矿井行政科室和井上下生产调度使用。矿井设有调度室，交换机安装于调度值班室，调度值班室每天 24 小时均有专人值班，通信系统安全、可靠，能方便快捷地指挥安全生产及救灾、抢险工作。

1.3 千秋煤矿冲击地压情况

1.3.1 冲击地压事故情况

千秋煤矿属于严重冲击地压矿井，历史上曾发生过多次冲击地压事故。其中，2008 年 6 月 5 日，21201 工作面发生冲击地压事故，造成 13 人死亡、11 人受伤（以下称"6·5"冲击地压事故）。

这次冲击地压事故发生在 21201 综采工作面下副巷，距地表垂深 736.4 m，巷道设计净断面 15 m²、净宽 4.8 m、净高 3.4 m，采用锚网和工字钢支架复合支护方式，于 2006 年 1 月开始施工，2007 年 3 月施工完毕。事故发生前，21201 综采工作面下巷外口以里 650～930 m 段巷道底鼓变形，其中下巷外口以里 750～810 m 段巷道底鼓变形严重，巷道断面缩为 7 m² 左右，巷道宽度和高度均为 2.6 m。

21201 工作面已回采至双面见方影响区域，为降低煤层自燃危险，推采速度加快，同时，当日该巷道安排有 4 处扩修作业。事故造成 21201 下巷距巷口 320～885 m 不同程度的巷道变形破坏，其中 725～830 m 处 105 m 巷道出现严重底鼓，巷道严重变形破坏，断面由原超过 10 m² 瞬间缩小到不足 1 m²，巷道基本合拢，工作面进风量不足 150 m³/min，20 名工作人员被困。

冲击地压发生时，21141 上巷掘进了 120 m，距发生位置 782 m；21141 下巷掘进了 460 m，距发生位置 516 m；21201 工作面回采了 931 m，距发生位置 101 m。发生冲击地压的位置距南部 F_{16} 逆冲断层 249 m，事故发生位置如图 1–1 所示。巷道严重破坏处断面示意如图 1–2 所示。

1.3.2 冲击地压防治情况

2008 年"6·5"冲击地压事故发生后，千秋煤矿积极与科研院校合作，系统、全面、有针对性地开展冲击地压防治项目研究：安装了 ARAMIS、ESG 微震监测系统，并采用 KBD5、KBD7 电磁辐射仪和钻屑法每天监测一次；实施了煤层深孔卸压爆破、超前卸压爆破、煤层深孔注水、大直径卸压钻孔、断

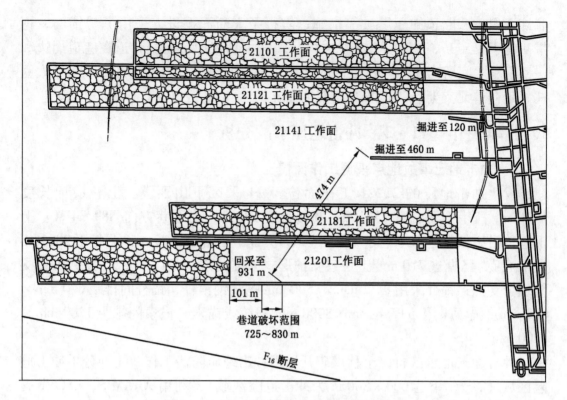

图1-1 "6·5"冲击地压事故发生位置

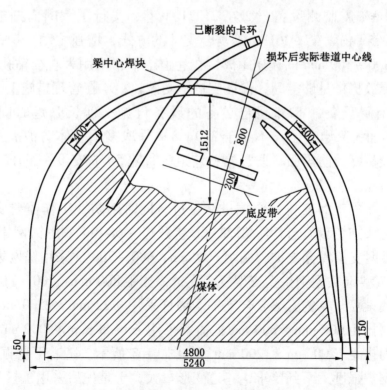

图1-2 "6·5"冲击地压事故下巷839 m处巷道断面示意图

底卸压爆破和断顶卸压爆破等措施；实行了大断面掘进，采用了"锚网＋钢带＋锚索梁＋36U"等复合支护方式，增强主动支护；新掘巷道在巷道周边和U型钢棚之间留出300～500 mm的让压距离，同时在巷道不同区域采用了大立柱、走向单元支架、门式防冲支架加强支护。

1.4　2011年"11·3"冲击地压事故分析

1.4.1　冲击地压事故地点采掘工作面情况

发生冲击地压的21221工作面位于21采区下山西翼，上巷设计长度1479 m，下巷设计长度1561 m，倾斜长度180 m，上下巷方向N89°34″W。上下巷均沿底板掘进，上巷于2011年3月开工，已掘进875 m，下巷于2011年1月开工，已掘进710 m。上下巷支护形式为锚网索＋6317型36U型钢拱形支架复合支护；锚杆采用ϕ22 mm×2500 mm螺纹钢锚杆，锚杆间排距600 mm×600 mm；锚索采用ϕ17.8 mm×8000 mm钢绞线锚索，锚索间排距1200 mm×1200 mm。

针对冲击地压威胁，千秋煤矿开展了冲击地压防治工作：①划分了冲击危险区域（21221下巷600～800 m为冲击危险区域），利用ARAMIS、ESG微震监测系统以及KBD5、KBD7电磁辐射仪等多手段捕捉冲击地压信息，地面安装KZ－301矿震监测设备；②在21221下巷，实行了大断面掘进，采用了"锚网＋钢带＋锚索梁＋36U"等复合支护的方式，增强主动支护；③在新掘巷道留出300～500 mm的让压距离，在巷道上下帮采用大直径钻孔卸压措施，为高应力释放提供足够空间，保证支护不受破坏；④在管理措施上，及时清理作业现场闲置设备，捆绑固定必备的设备设施；延长躲炮时间（不低于30 min）和加大躲炮半径（不小于300 m）；采取多项个体防护措施，为防冲区域作业人员配戴防震服、防震帽；巷道内每隔50 m安设一组压风自救装置等设施。

巷道正常施工时安排一个掘进队掘进，同时因防冲工作需要安排防冲队在两帮及迎头施工卸压工程。21221下巷开口～680 m采用锚网索＋6317型36U型钢拱型支架复合支护，棚距600 mm；680～700 m采用锚网索喷浆＋锚索梁＋6317型36U型钢拱型支架复合支护，棚距800 mm；700～710 m采用锚网钢带＋锚索喷浆＋锚索梁复合支护。锚杆采用ϕ22 mm×2500 mm螺纹钢锚杆，锚杆间排距600 mm×600 mm；锚索采用ϕ17.8 mm×8000 mm钢绞线锚索，锚索间排距1200 mm×1200 mm，如图1－3所示。随着下巷掘进的延伸，现场发现支护强度达不到要求，巷道变形量大，于是先后采用了打木点柱、外注式单体柱及整体防冲支架措施来加强巷道支护。

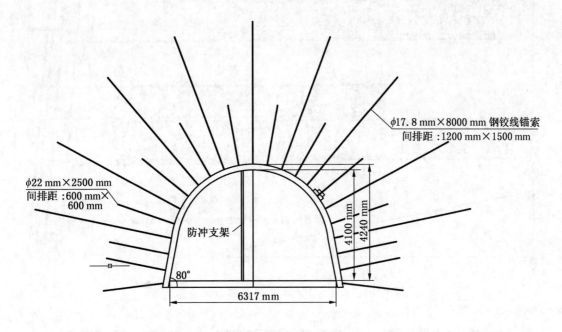

图 1-3　21221 下巷支护断面示意图

1.4.2　事故发生经过

2011 年 11 月 3 日四点班，千秋煤矿 21221 下巷掘进工作面当班作业 75 人，主要进行防冲卸压工程、防火工程、巷道加强支护和清理等工作，当班为检修班。

19:18:44，地震台网监测发现义马市发生 2.9 级地震，千秋煤矿 KZ-301 矿震监测系统显示震级为 4.1 级。19:45 左右，矿调度室接到井下报告，21221 掘进工作面下巷发生冲击地压事故。

当时开二队、掘二队正在 21221 下巷进行扩修作业，防冲队、掘一队在掘进工作面实施卸压孔和卸压炮工程。事故发生时 21221 下巷掘进工作面已掘进 715 m。事故位置如图 1-4 所示。

1.4.3　冲击破坏情况

冲击地压发生后，21221 下巷从 290 m 至掘进头巷道不同程度变形，风筒从 360 m 处被撕裂，无法向巷道里段进行供风；290～460 m 处巷道内加强大立柱向上帮歪斜，上帮棚腿向巷道内滑移，巷道高度最低处不足 1.9 m，宽度最窄处为 2.3 m；460～500 m、515～553 m 段顶底板基本合拢；575～620 m 段巷道部分地段底鼓变形严重，巷道高度仅有 0.5～0.8 m；620～640 m 巷道底鼓变形严重，巷道基本合拢，640 m 至掘进头的巷道变形量不大，仅有轻微底鼓。现场破坏及素描如图 1-5、图 1-6 所示。

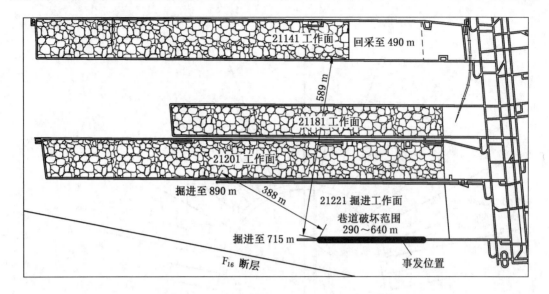

图1-4　"11·3"冲击地压事故发生位置

图1-5　21221掘进工作面下巷"11·3"冲击地压现场破坏照片

		21221下巷变形后底板位置		
307 m		285 m	278 m	265 m
2.5 m		2.7 m	2.6 m	

347～307 m锚网索梁、U型棚、大立柱，大立柱不同程度向上帮倾斜　　307～278 m锚网索梁、U型棚、垛式支架　　有2根大立柱向下帮歪斜，有少数几根木点杆歪斜，2根断裂，1根压劈

21221下巷变形后底板位置

(a) 260～340 m 巷道素描图

405 m	385 m	370 m	362 m	347 m
3.1 m	2.1 m	2.5 m	2.8 m	3.7 m

405～385 m锚网、锚索梁、U型棚、大立柱向上帮歪倒较多　　385～370 m锚网索、U型棚、单体柱　　370～362 m锚网索、喷浆　　362～347 m锚网索、U型棚、单体柱

(b) 340～430 m 巷道素描图

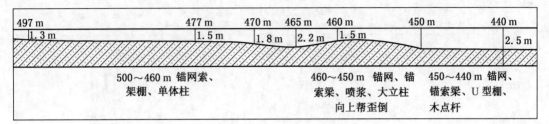

(c) 430～500 m 巷道素描图

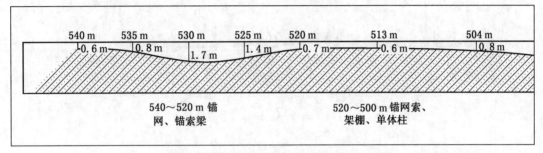

(d) 500～540 m 巷道素描图

图 1-6 21221 掘进工作面下巷"11·3"冲击地压现场素描图

1.4.4 冲击前后监测数据记录情况

21221 工作面电磁辐射监测数据如图 1-7、图 1-8 所示。

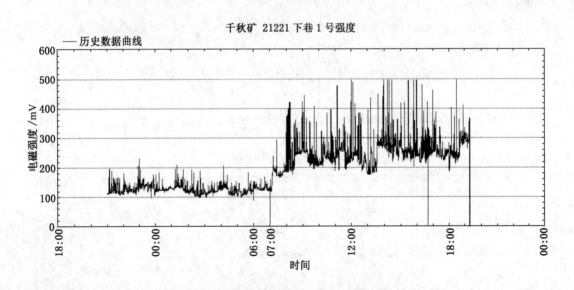

图 1-7 21221 掘进工作面下巷 KBD7 电磁辐射强度趋势变化图

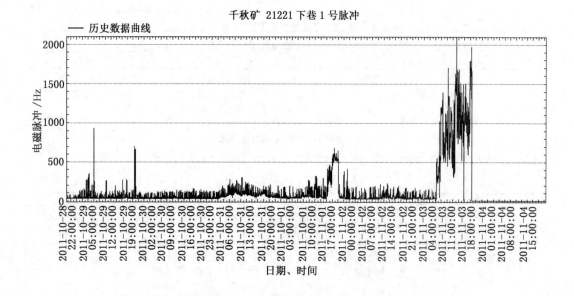

图 1－8 21221 掘进工作面下巷 KBD7 电磁辐射脉冲趋势变化图

从上述 21221 掘进工作面下巷 KBD7 电磁辐射实时监测数据变化情况可以清楚地发现：自 11 月 3 日 7:00 以后，电磁辐射强度从原来的平均 110 mV 迅速加大到 260 mV 左右，对应时间段的电磁辐射脉冲也由原来的平均 50 Hz 激增到 1000 Hz 以上。该电磁辐射高位数值振荡态势一直持续到冲击事件发生，延续达 10 h 之久，充分反映了煤岩体在冲击发生前其内部的微破裂活动十分活跃，具有明显的预兆性。

21221 工作面微震事件监测数据如图 1－9、图 1－10 所示。

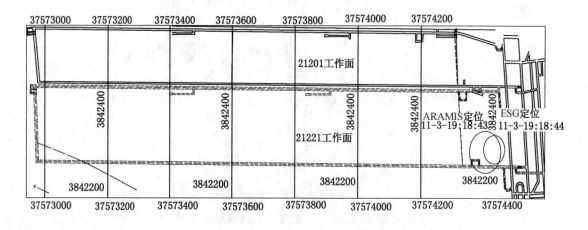

图 1－9 21221 掘进工作面"11·3"冲击事件震源定位图

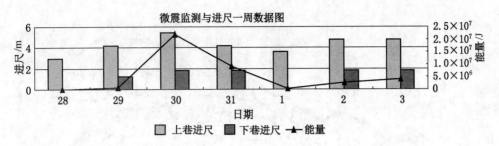

图 1-10 21221 掘进工作面微震事件能量-进尺趋势变化图

可以看出，事故发生前一周内，微震能量变化幅度较大，在 10 月 30 日有明显能量释放过程。

1.4.5 事故原因分析

"11·3" 冲击地压事故发生后，我们对事故原因进行了分析，认为主要包括以下 4 个方面：

（1）千秋煤矿主要开采 2-1、2-3 合并层，煤层厚度大，埋深达到 800 m，顶板岩层存在厚度超过 150 m 的砂砾岩层，事故工作面处于 F_{16} 断层控制范围内，且该断层为压扭性断层，原岩应力高，具备发生冲击地压的应力条件。

（2）事故工作面在 300 m 范围内多头作业，作业人员过多，当班有 2 个掘进队、1 个防冲队、1 个开拓队共 4 支队伍在具有冲击地压灾害危险的巷道内平行交叉作业，作业人员多达 75 人。

（3）采掘布置不合理，在特厚煤层中采煤工作面布置过长，对采深已达 800 m、特厚坚硬顶板条件下地应力和采动应力影响增大、诱发冲击地压灾害的不确定性因素认识不足。

（4）千秋煤矿对冲击地压灾害的严重性认识不足，警惕性不高，治理和防范措施不到位，有待进一步完善和改进。

1.5 问题与解答：掘进巷道为什么禁止掘进和扩修平行作业？独头巷道为什么严禁多头扩修

义马煤田处于义马向斜。义马向斜是一个狭长型近线性褶皱，南翼又被落差 50~500 m 的 F_{16} 逆断层破坏，产状多陡倾、直立或倒转，造成区域内煤层分布不稳定，自西向东、自下向上煤层由厚变薄，局部倒转或者合层。逆转断层造成构造残余应力很大，区域应力分布十分不均匀，局部应力集中；千秋煤矿又处于义马向斜轴部，受南北向高强度推覆挤压作用，区内构造应力较高。这都给该区域的防冲措施提出了严峻的考验。义马煤田顶板坚硬岩层等厚线如图 1-11 所示。

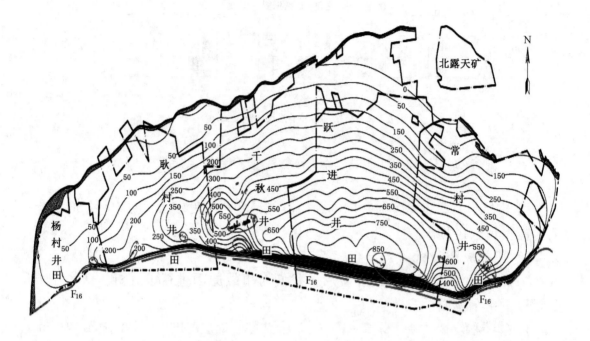

图 1-11 义马煤田顶板坚硬岩层等厚线与冲击地压事件分布示意图

同时，千秋煤矿煤层上覆有厚度高达 410 m 的坚硬砾岩层顶板，回采后不易冒落，积聚了大量的弹性能，当采动覆岩破裂范围扩展至砾岩层基本顶断裂极限时，极易产生破断或回转。通过在千秋煤矿 21121 工作面采空区上方打探测钻孔探测，煤层上方赋存有 400 m 左右的砾岩，虽然其下部 200 m 左右的岩层发生了破断垮落，但上部仍有 200 m 厚的砾岩没有破断垮落，大面积的采空区上方地表没有出现下沉。21 采区上覆砾岩层悬空面积过大，受重力作用下沉，在南部边界受 F_{16} 断层影响，极易出现沿断层面滑动，再加上距离最近的 21221 下巷掘进工作面的扰动影响，必然造成千秋煤矿 21 采区开采范围处于高度危险状态，如图 1-12 所示。

虽然 21221 巷道采用高密度的锚网索主动支护，配合 U 型钢拱形支架、防冲立柱和防冲支架复合支护，底板还采取了加底拱措施，支护强度在当时是很高的，但仍不能满足支护需要。特别是千秋煤矿煤层比较厚，采用综采放顶煤回采工艺，巷道采用托顶煤方式掘进。由于义马煤田煤的硬度较小，层理和节理比较发育，在受到震动时极易发生破碎。21221 巷道处于冲击地压严重危险区域，基本每天都有 10^6 J 能量的事件发生，巷道开挖后围岩的松动圈越来越大，支护效果严重下滑，在巷道掘进施工不到一个月的时间就出现大的变形，不能满足正常安全生产要求。因此，在事故发生前，不得不停止迎头掘进，对后面变形严重地段进行扩修。

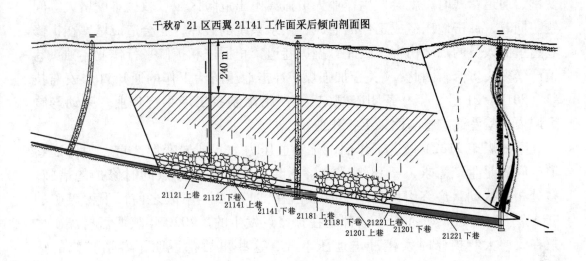

图 1 – 12　21221 下巷位置示意图

同时，千秋煤矿 21221 下巷煤层厚度在 15～20 m，沿底板掘进，属于典型的厚煤层托顶煤掘进巷道。原国家煤矿安监局印发的《关于加强煤矿冲击地压防治工作的通知》（煤安监技装〔2019〕21 号）第 4 条明确要求："合理选择巷道支护形式与参数。厚煤层沿底托顶煤掘进的巷道选择锚杆锚索支护时，锚杆直径不得小于 **22 毫米**、屈服强度不低于 **500 MPa**、长度不小于 **2200 毫米**，必须采用全长或加长锚固，锚索直径不得小于 **20 毫米**，延展率必须大于 **5%**，锚杆锚索支护系统应当采用钢带（槽钢）与编织金属网护表，托盘强度与支护系统相匹配，并适当增大护表面积，不得采用钢筋梯作为护表构件。煤层倾角大于 **25°** 的沿顶掘进巷道，高帮侧须增加锚索支护。煤层埋藏深度超过 **800 米** 的厚煤层沿底托顶煤掘进的巷道遇顶板破碎、淋水、过断层、过老空区、高应力区时，应当采用锚杆锚索和可缩支架（包括可缩性棚式支架、单体液压支柱和顶梁、液压支架等，下同）复合支护形式加强支护，并进行顶板位移监测，防止冲击地压与巷道冒顶复合灾害事故发生"。这些措施要求是在总结吸取千秋煤矿"11·3"冲击地压事故和龙郓煤矿"10·20"事故教训的基础上提出的。

巷道扩修段，基本都是巷道变形严重的应力集中带，是危险区域。扩修点原有支护大都破坏，在整个巷道支护体系中，处于薄弱点，巷道抗冲击能力大大降低；巷道扩修又会引起围岩应力的重新分布，对岩体扰动较大，很容易发生冲击地压。多头巷道扩修，必然造成多重应力相互扰动叠加，比单个地点的扩修更危险，极易诱发冲击地压。

掘进巷道，一般仅有 1 个逃生通道。巷道扩修发生冲击地压造成巷道严重变形、通道堵塞时，就会发生作业人员撤离不出危险区域、救援难度增大等问题。同时，冲击地压造成工作面通风、供水系统的破坏，还会造成堵塞在扩修巷道里面人员的二次伤害。因此，掘进巷道禁止掘进和扩修平行作业，独头巷道严禁多头扩修。因此，《关于加强煤矿冲击地压防治工作的通知》(煤安监技装〔2019〕21号) 第9条明确规定：**"严格限制多工序平行作业。采动影响区域内严禁巷道扩修与回采平行作业。"**

千秋煤矿21221掘进工作面由于巷道压力大，围岩变形严重，为保证巷道空间满足生产需求，千秋煤矿在该下巷采取3个作业点同时修护的措施。多处相互扰动，最终引发高应力释放。在"11·3"事故之前，千秋煤矿的"6·5""12·11"等冲击事故都是在扩修点发生的。2020年陕西孟村煤矿也是在煤层大巷扩修时发生冲击地压事故。这些事故都说明了巷道扩修的危险性。

所以，对受冲击地压威胁的巷道在支护设计时，就必须充分考虑到巷道的冲击危险性，要在基于冲击震动的工况条件下进行支护设计，使巷道的一次支护必须有一定的抗冲击能力。《防治煤矿冲击地压细则》第八十三条明确要求：**"冲击地压巷道严禁采用刚性支护，要根据冲击地压危险性进行支护设计，可采用抗冲击的锚杆（锚索）、可缩支架及高强度、抗冲击巷道液压支架等，提高巷道抗冲击能力。"** 在实际工作中，各煤矿要认真进行落实。

对于围岩强度不大特别是全煤巷道，必要时采取加固弹性膨胀材料，对围岩进行"改性"，增大围岩自身的抗冲击震动能力；支护设计还要考虑围岩和支护材料的匹配性，让围岩和支护材料形成一个整体，使巷道的整体支护结构在支护强度和抗冲击能力方面处于相对均衡状态；同时要加强巷道施工质量管理，尽量做到一次支护到位，避免扩修。

巷道确实因损坏严重而必须扩修时，必须制定专项措施：①采取提前在扩修段加打防冲单元支架等措施，增加支护强度；②扩修作业可以参照掘进工作面确定与相邻采掘工作面的距离关系，必须满足《防治煤矿冲击地压细则》第二十七条的150 m、350 m的安全距离；③对扩修地点的冲击危险性指标进行分析，确认安全时方可进行扩修；④在扩修作业时要加强监测，发现异常时立即停止作业、撤人，避免因扩修引起冲击事故。

同时，各方要吸取千秋煤矿"11·3"事故当班在21221工作面下巷作业人员太多、造成事故发生时有74名人员被困的教训，严格控制作业人员，严格执行《防治煤矿冲击地压细则》第七十六条：**"人员进入冲击地压危险区域时必须严格执行'人员准入制度'。'人员准入制度'必须明确规定人员进入的时间、区域和人数，井下现场设立管理站。"**

1.6 关于"11·3"冲击地压事故的思考与教训

1.6.1 思考

1. 煤层合并尖灭线附近和煤层厚度急剧变化带对冲击地压的影响

千秋煤矿"11·3"事故发生地点位于21221工作面下巷穿过2-1煤和2-3煤的合并带，煤层厚度变化大。与此相似，2015年7月29日2:49，兖煤菏泽能化有限公司赵楼煤矿（以下简称赵楼煤矿）1305工作面切眼发生一起冲击地压事故，工作面切眼附近为煤层分岔区；2018年10月20日，山东龙郓煤业有限公司发生重大冲击地压事故，事故地点1303工作面泄水巷及3号联络巷附近也相邻煤层分叉线。这些事故都说明：**冲击地压煤层合并尖灭线附近和煤层厚度急剧变化带等区域的冲击危险性是很大的，是冲击地压防治中特别需要关注的区域。**赵楼煤矿1305工作面与煤层空间关系示意如图1-13所示。

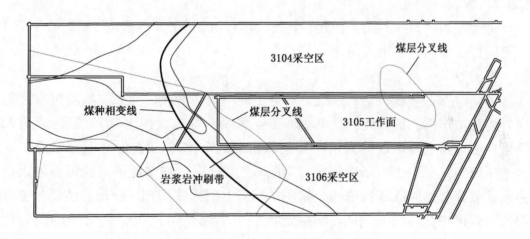

图1-13 赵楼煤矿1305工作面与煤层空间关系示意图

2. 上覆岩层存在巨厚坚硬岩层对冲击地压的影响

从千秋煤矿综合柱状图上可以看出：21采区上覆400 m巨厚坚硬不易垮落的砾岩极易形成弹性能的积聚。义马矿区的砾岩是由类似各种鹅卵石的骨料和沙、泥岩胶结而成，其强度及特性不仅与骨料有关，更取决于胶结物的强度。从采空区的钻孔资料证实，厚度400 m左右的砾岩层，其下部200 m左右较易断裂下沉，但上部200 m左右的砾岩层强度很大、整体性好、很难垮落，对冲击地压的影响很大。与此相似，新汶华丰煤矿、吉林龙家堡煤矿等煤层上覆岩层也同样存在巨厚砾岩，也对冲击地压具有很大影响，都是典型的冲击地压矿井。

《防治煤矿冲击地压细则》第十条要求必须做冲击倾向性鉴定的煤层就有："**埋深超过400 m的煤层，且煤层上方100 m范围内存在单层厚度超过10 m、单轴抗压强度大于60 MPa的坚硬岩层**"。这都说明了坚硬顶板对冲击危险性的影响程度。

3. 大型地质构造对采掘工作面冲击地压的影响

千秋煤矿21221工作面下巷距离井田边界F_{16}逆冲大断层的距离较近：一是断层落差较大，从地面到煤层都受断层影响；二是受断层和其他巨大外力影响，煤层在极短的倾向范围内从井下800 m左右延伸至地面。由于煤层属于软岩，受此影响，沿F_{16}断层走向形成了一条弱面，受井下采掘影响，断层极易发生滑动，应力集中程度增大，冲击危险性增加。千秋煤矿发生的冲击地压事故多数与F_{16}断层构造作用有关。与此相对应，近年来全国范围内发生的煤矿冲击地压事故，大多数都有地质构造因素的影响。

1.6.2　教训

千秋煤矿"11·3"冲击地压事故，导致被困74人，造成10人死亡、64人不同程度受伤，被困人员多、伤亡大。事故后，对伤亡情况进行调查分析总结，得出以下4点教训：

(1) 在事故发生时，1人由于没有正确穿戴防冲服，导致防冲服没有起到应有的防护作用，造成死亡。《煤矿安全规程》第二百四十二条规定："**进入严重冲击地压危险区域的人员必须采取特殊的个体防护措施**"。《防治煤矿冲击地压细则》第七十七条中规定："**进入严重（强）冲击地压危险区域的人员必须采取穿戴防冲服等特殊的个体防护措施，对人体胸部、腹部、头部等主要部位加强保护**"。煤矿工作人员在现场工作中要严格执行，克服怕麻烦的思想，做好防冲工作的最后一道防线。

(2) 牺牲的人员中，有2人在事故发生后被其他被困工友发现时还有生命迹象。如果采取更好的临时救护措施，就有可能坚持到救援人员到来，避免牺牲。所以，在冲击地压严重危险区域作业的人员，一定要加强自救、互救知识培训，特别是加强在长时间被困条件下的自救、互救知识，最大程度减少事故造成的伤亡。

(3) 冲击地压事故易造成巷道断面瞬间收缩，导致采掘工作面（特别是掘进工作面）通风系统受阻，为确保被困人员维持生命等待救援，需要提供氧气、水。《煤矿安全规程》第二百四十五条规定："**有冲击地压危险的采掘工作面必须设置压风自救系统，明确发生冲击地压时的避灾路线**"。《防治煤矿冲击地压细则》第八十四条规定："**有冲击地压危险的采掘工作面必须设置压风自救系统。应当在距采掘工作面25～40 m的巷道内、爆破地点、撤离人**

员与警戒人员所在位置、回风巷有人作业处等地点，至少设置1组压风自救装置。压风自救系统管路可以采用耐压胶管，每10～15 m预留0.5～1.0 m的延展长度"。这些都是对冲击地压危险采掘工作面压风自救系统的详细要求。

（4）在目前冲击地压的发生机理还没有完全研究清楚、冲击地压防治具有复杂性、防治效果具有不确定性的情况下，加强个体防护工作和增加冲击地压危险区域的安全设施，提高矿井安全系数，是提高矿井防冲效果的有效措施。

2 华丰煤矿 "9·9" 冲击地压事故

2.1 事故概况

2006 年 9 月 9 日 10:30,新汶矿业集团有限责任公司华丰煤矿 1410 采煤工作面上平巷发生一起冲击地压事故,导致 2 人死亡、2 人重伤、1 人轻伤,直接经济损失 200 万元。

发生冲击地压事故的 1410 工作面采深近 1000 m,开采 4 层煤,煤层倾角平均 32°,煤层厚度平均 6.3 m,煤层顶板和底板均存在坚硬的砂岩和砂砾岩,煤岩层具有强冲击倾向性。在开采 1410 工作面之前,矿上已将位于 4 层煤之下、距离 4 层煤垂直距离 38 m、煤层厚度平均 1.3 m 的 6 层煤作为保护层开采,且 1410 工作面下平巷处于保护层应力释放带,已没有冲击危险性;而 1410 上平巷处于保护层应力恢复带,且受掘进的影响,上平巷围岩应力水平相对很高,具备发生冲击地压的应力条件。

综合分析认为,本次冲击地压事故为由坚硬顶底板运动诱发的多因素复合型冲击地压事故。

2.2 矿井概况

华丰煤矿隶属新汶矿业集团,1958 年投产,设计能力 60 万 t/a,1983 年改扩建,设计能力 90 万 t/a,核定年生产能力 130 万 t/a;开拓方式为斜井多水平开拓,各水平分别布置运输大巷;开采 4、6、16 三个煤层,根据煤层层间距,划分 2 个煤组,其中 4、6 层煤为前组煤,16 层煤为后组煤,前后组煤单独开拓,各煤层间以石门联系;开采顺序由浅到深、由上到下,共划分了 −90 m、−210 m(二号井为 −270 m)、−450 m、−750 m、−1100 m 五个水平,其中 −90 m、−210 m、−450 m、−750 m 水平已开采结束,现生产水平为 −1100 m 水平;在水平内沿走向划分采区,在采区内沿倾斜划分区段,采区内布置岩石集中巷,实行集中生产;矿井地面标高为 +130 m,为单一倾伏向斜构造,煤岩层走向西翼为 290°～316°,东翼为 30°～60°;倾向总体为北东,煤岩层平均倾角为 32°。矿井煤系地层主要为砂岩结构,煤系地层之上为第三系砾岩,且为不整合结构,侵蚀面倾角为 21°～27°。−1100 m 水平砾岩层厚度为 800 ~ 1000 m，砾岩层底部为厚 30 ~ 40 m 的红色黏土岩，黏土岩之下为煤系地层。图 2 - 1 所示为矿井地质综合柱状图。

岩性	柱状	厚度 /m
砾岩		>500
红土岩		20(?)
中细砂岩		16
泥粉砂岩		20
1 煤		0.8
粉细砂岩		10
中粗砂岩		23
粉砂岩		5.5
4 煤		6.5
粉砂岩		2.5
中砂岩		21
粉砂岩		17
6 煤		1.1
粉砂岩		>10

图 2 - 1　华丰煤矿井田地质综合柱状图

采煤工作面采用走向长壁后退式采煤法，用全部陷落法管理顶板。4 层煤开采使用综放、综采两种采煤工艺，6 层煤开采全部采用综采工艺。

2.2.1　地理位置、交通情况、地形地貌

华丰煤矿井田位于山东省宁阳县华丰镇境内，磁（窑）莱（芜）铁路、被 S333 省道从南侧东西向穿过。京沪铁路磁窑站、京福高速公路和 G104 国道东距华丰煤矿 5 ~ 6 km，京沪高速公路西距华丰煤矿 40 km 左右，境内乡村公路成网，交通便利。

华丰煤矿位于徂徕山和蒙山两大分水岭之间，地形特点属山间凹地，地势较为平缓，地面标高 + 100 ~ + 140 m。井田西部与开阔的泰（宁）肥平原为邻，北部与柴汶河泛滥平原及柴汶河河漫滩接触，东部有柴汶河支流故城河穿过，南部为寒武系及奥陶系石灰岩构成的低山，中部为古近系砾岩构成的低缓丘陵。

故城河为该矿的主要地表水系，属于季节性河流。河道宽 30 ~ 50 m，最大流量 528 m³/s，洪水期河道宽 285 m，近 10 年来最高洪水位 115.2 m（2007

年），历史最高洪水位 115.2 m（2007 年）。

2.2.2 井田范围

华丰煤矿是新汶矿业集团有限责任公司所属的、位于新汶煤田最西端的相对独立的井田，地理坐标：东经 117°07′28″ ~ 117°11′11″，北纬 35°51′49″ ~ 35°55′15″，采矿许可证号：C1000002011061140113400。全矿由 24 个拐点坐标圈定，坐标系统为西安 80 坐标系统，经泰安市金土地测绘整理有限公司（测绘乙级资质）转换为 2000 国家大地坐标（表 2 - 1）。井田面积 18.8772 km²，开采标高 + 130 ~ -1500 m。井田范围：东西边界均为古近系砾岩侵蚀面，南界为煤层露头，北至 -1500 m 水平。

表 2 - 1   华丰井田范围拐点坐标一览表

序号	点号	2000 国家坐标		序号	点号	2000 国家坐标	
		X	Y			X	Y
1	K_1	3975847.229	39514072.471	13	H_{31}	3970444.310	39515717.828
2	K_2	3975053.427	39514028.081	14	H_{30}	3970523.311	39515679.828
3	K_3	3974455.527	39514335.192	15	H_{29}	3970562.310	39515350.817
4	K_4	3974151.437	39515034.594	16	H_{22}	3971115.310	39514209.805
5	K_5	3974511.948	39515680.895	17	H_{13}	3972277.311	39512457.771
6	H_1	3973522.367	39516882.818	18	H_{12}	3972774.311	39511972.759
7	H_{37}	3972107.344	39516786.829	19	H_{11}	3972787.311	39511885.759
8	H_{36}	3971207.333	39516690.829	20	H_{10}	3973147.322	39511622.748
9	H_{35}	3970757.322	39516490.829	21	H_9	3974207.333	39511307.737
10	H_{34}	3970603.321	39516474.839	22	H_8	3974719.334	39511427.737
11	H_{33}	3970454.321	39516302.829	23	H_7	3975475.346	39512079.737
12	H_{32}	3970496.321	39516282.829	24	H_6	3976082.368	39513097.749

2.2.3 矿井生产能力及服务年限

华丰煤矿于 1956 年建井，1959 年投产，设计生产能力 60 万 t/a，1983 年煤矿进行改扩建，生产能力扩建为 90 万 t/a，2005 年调整核定生产能力为 130 万 t/a。2015 年核定生产能力 120 万 t/a，2019 年根据山东省能源局《关于调整全省采深超千米冲击地压矿井核定生产能力的通知》（鲁能源煤炭字〔2019〕43 号），矿井核减 20% 产能，核减后矿井核定生产能力为 96 万 t/a。

华丰煤矿截至 2019 年末保有资源储量 4091.38 万 t，设计可采储量 3284.13 万 t。矿井生产能力按 96 万 t/a，矿井剩余服务年限计算约为 25 年。

2.2.4 矿井生产系统

华丰煤矿采用立井与斜井多水平开拓，现有一号主井、副井、皮带井、二号主井、副井、北立风井、管子井和新建副立井共 8 个井筒。矿井采用走向长壁后退式采煤法，综采和综放采煤工艺，掘进采用综掘和普掘。目前，前组一采区 4 煤层 1413 工作面采用综放采煤工艺，前组二采区 4 煤层 2411（2）工作面采用综采工艺。

矿井已开拓 −90 m、−210 m、−450 m、−750 m、−1100 m 五个水平。第一、二、三、四水平已结束，现生产水平为 −1100 m 水平。

（1）运输系统。矿井主斜井运煤系统为斜井钢丝绳牵引带式输送机运输方式，分别在 −750 m、−326 m 和地面建有 3 处钢缆机房。钢缆机房内的驱动设备驱动 3 条钢缆带式输送机，井底煤仓的原煤提升采用该 3 条钢缆带式输送机搭接的方式接力将原煤直接输送至地面煤仓。矿井副提升系统分别是：1 号副井（矸石井）为双钩串车提升，安装一套双滚筒提升机，采用功率 355 kW、YBBP5002 −12 型三相交流异步电动机的变频调速控制系统，主要用于提升矸石；2 号副井（人车井）为双钩串车提升，安装一套双滚筒提升机，采用功率 280 kW、YR1510 −12 型三相交流异步电动机的变频调速控制系统，担负提矸石，下材料、设备，运人等任务。

（2）排水系统。矿井排水系统分别在 −90 m 水平、−210 m 水平、−450 m 水平、−750 m 水平和 −1100 m 水平设有 5 个中央泵房多级排水：−1100 m 水平排至 −750 m 水平，−750 m 水平再到 −450 m 水平，−450 m 水平直接排到地面；−90 m 水平、−210 m 水平的涌水单独排到地面。

（3）通风系统。矿井通风方式为中央分列式，通风方法为抽出式。矿井有一个回风井即北立风井，安装两台 FBCDZ№37 型轴流式对旋风机，一台工作一台备用，配套电机功率 1000 kW×2。矿井有 6 个进风井：主斜井、1 号副井（矸石井）、2 号副井（人车井）、管子井、老二号主井、老二号副井。目前风机叶片运行角度 −6°，2019 年 10 月矿井总进风量 10903 m³/min，总回风量 11233 m³/min，总排风量 11471 m³/min，矿井负压 2702 Pa，等积孔 4.51 m²，属通风容易矿井。矿井建有地面压风机站，供风方式为集中供风，安装压风机 5 台，空气压缩机各类安全保护装置齐全，动作灵敏可靠，信号显示装置工作正常，符合《煤矿安全规程》要求。

（4）供电系统。矿井供电系统采用两回路主供电源，一路来自 220 kV 华丰变电站 110 kV 丰泰线，二路来自楼德变电站 110 kV 楼华线。矿井井下设有 −90 m、−210 m、−450 m、−750 m、−1100 m 五个水平中央变电所，分别为各水平用电负荷供电，负荷主要电压为 3300 V、1140 V。华丰煤矿地面

35 kV 变电站线路核定供电能力 25915 kW，变压器最大供电能力 64000 kW，矿井实际平均运行负荷 8400 kW，最大运行负荷 12300 kW。

（5）安全监控系统。矿井安全监控系统为 KJ90X 型，主要对井下瓦斯、一氧化碳、温度、风速、粉尘浓度、负压、烟雾、风筒状态、风门开关、局部通风机开停以及机电设备断电、馈电状态等各类数据实行 24 h 不间断监测监控，共安设监控分站 44 台、甲烷传感器 63 台、风速传感器 12 台、一氧化碳传感器 45 台、温度传感器 41 台、烟雾传感器 30 台、风门传感器 19 台、局部通风机开停传感器 14 台、馈电传感器 12 台、氧气传感器 15 台、负压传感器 1 台、粉尘浓度传感器 12 台、断电器控制器 32 台、开停传感器 32 台。各类传感器安装设置符合要求，各项功能完善，系统运行正常，并现已与集团公司、省煤监局安全监测系统联网，实时上传各类监测数据。矿井人员定位系统为 KJ150A 型，无线通信系统为 KT315R 型。同时，矿方为各级下井人员均配备了精确定位标识卡，为各级管理人员配备了无线通信手机。矿井语音广播系统为 KT425 型，采用 TCP/IP 及 VDSL2 新型总线通信协议。系统为全 IP 网络，可接入环网，也可独立组网，可以作为煤矿安全系统的一个重要组成部分，为煤矿安全生产提供一种有效的通信手段。系统分布在巷道、皮带沿线、采煤工作面、掘进工作面等岗位上可完全消除呼叫盲点，使井下作业、休息人员清晰听见音箱广播声音和报警语音并且可通过对讲音箱和井上、井下对讲通信。矿井调度通信系统为 KT173 型新型多媒体数字程控调度通信系统，能够满足矿井调度指挥需要。

2.3 华丰煤矿冲击地压情况

2.3.1 冲击地压事故情况

华丰煤矿 4 层煤具有强冲击倾向性，历史上曾发生过多次冲击地压。第一次冲击地压发生在 1992 年 3 月 8 日 2406 上分层工作面上平巷，垂深 660 m，处于工作面初采期间。工作面上平巷自切眼推采只有 13 m，工作面回柱放顶诱发冲击地压的发生。这次冲击地压造成上平巷自工作面上出口向外 60 m 内的巷道断面缩小 70%，设备开关被掀翻，轨道发生明显变形，上平巷内注浆管道被弹起并造成 2 人重伤，工作面停产 3 天。分析认为，导致本次冲击地压的原因主要有：①4 层煤开采深度已达到 600 多米，煤岩体自重应力较高；②2406 工作面处于三面采空的状态，同时受区段煤柱（煤柱 25 m）和边界煤柱的影响；③工作面处于初采期间，4 层煤顶板坚硬，顶板垮落形成动载应力作用。

自首次冲击地压发生以后，截至 2006 年"9·9"冲击地压事故为止，华丰煤矿记录共发生 0.5 级以上的震动（或冲击）万余次，1.0 级以上的震动

2900余次，1.5级以上震动490余次，大于2.0级以上7次，其中破坏性冲击地压10余次，造成工作面停产11次，最大2.9级，造成多人伤亡，累计破坏巷道2000余米，平均顶底板移近1.2 m，两帮移进0.8 m，摧毁巷道600余米，断面收缩率75%以上；累计破坏工作面长度400余米，平均底鼓1.1 m，煤壁向老空区移进0.5 m，共损坏单体液压支柱500余根、铰接顶梁600余根。

造成严重后果的几次破坏性冲击地压情况具体如下：

（1）1996年4月27日，1407上分层工作面上平巷缺口爆破时发生2.9级冲击地压，造成多人重伤，损坏巷道120 m，摧毁工作面50 m，损坏柱梁上百根，工作面停产3天。

1407工作面为第三水平（-450 m）一采区第三阶段4层煤上分层工作面，工作面走向长度650 m，倾向长度150 m，倾角30°，采高2.1 m。1407工作面回风巷、运输巷标高分别为-604 m和-679 m。工作面为单体液压支柱配铰接顶梁支护，见四回一，最大控顶距为4.0 m，最小控顶距为3.0 m；铺金属顶网，爆破落煤，重力运输；回风巷、运输巷宽3.8 m、高2.6 m；锚网支护，锚杆规格为$\phi 20 \, mm \times 2000 \, mm$，间排距为800 mm×800 mm。

本次冲击地压发生后：距工作面20 m范围内的回风巷人员不能进入；30～120 m范围内巷道净宽由冲击前的2.2～2.8 m缩小为0.7～1.1 m；工作面第一排支柱下端向采空区方向推移0.9～2.0 m，煤柱片帮1.5 m，采面高度由冲击前的2.1～2.2 m缩小为0.6～1.3 m，地表震感明显。如图2-2所示为此次冲击地压事故位置平面图。

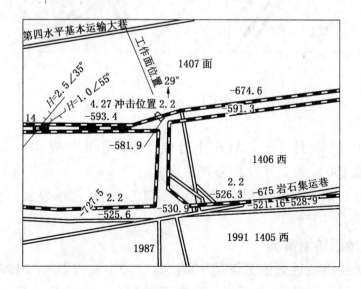

图2-2 "4·27"冲击地压位置示意图

（2）2001 年 3 月 11 日，3406 上分层工作面发生 1.7 级冲击地压，造成 1 人重伤。工作面支架变形，12 棵单体支柱歪斜，局部冒顶。

3406 工作面为 -450 m 水平三采区第二阶段 4 层煤上分层工作面，工作面走向长 550 m，倾斜长 150 m，煤层倾角 32°，采高 2.1 m。工作面回风巷、运输巷标高分别为 -550 m 和 -630 m，工作面为单体液压支柱配铰接顶梁支护，见四回一，最大控顶距 4.4 m，最小控顶距 3.3 m；铺金属顶网，爆破落煤，重力运输。

冲击地压发生后，工作面上部 30 m 支架结构变形严重，支柱底部向采空区方向推移 0.2 ~ 0.5 m，采面高度由 2.1 m 变为 1.6 ~ 1.9 m。回风巷两帮移近量 0.4 ~ 0.6 m，顶底板移近量 0.5 ~ 0.8 m。如图 2 - 3 所示为冲击位置示意图。

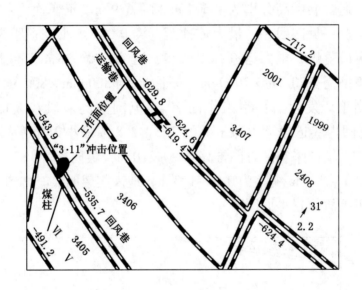

图 2 - 3 "3·11" 冲击地压位置示意图

（3）2001 年 11 月 3 日，3407 上分层工作面下出口发生了 1.9 级冲击地压，损坏巷道 100 余米，工作面停产封面（图 2 - 4），因此华丰煤矿停止了 4 层煤开采，并开始实施解放层开采方案。2003 年 11 月解放层方案调整完毕，1409 工作面开始生产。

2.3.2 冲击地压防治情况

华丰煤矿冲击地压防治工作是从首次认定冲击地压事故的 1992 年开始的，但最初由于对冲击地压认识不足，研究不够深入，在冲击地压防治理论、技术、管理等各方面都存在明显不足，使得冲击地压现象和事件时有发生，甚至

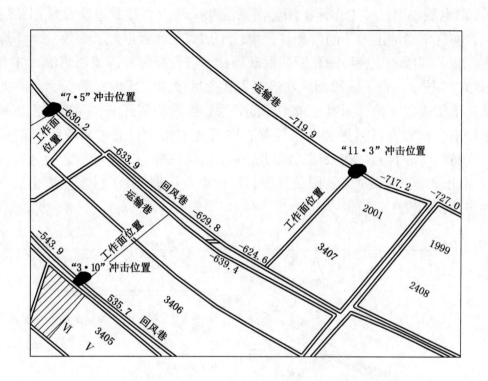

图 2-4 "11·3"冲击地压事故位置示意图

发生冲击地压事故。2006 年"9·9"冲击地压事故发生后，华丰煤矿进一步加强与科研单位的合作，在总结以往冲击地压防治经验的基础上，深刻汲取冲击地压事故教训，通过深入研究深部冲击地压防治技术，引进先进监测仪器和卸压解危机具，优化采掘布局，进一步完善了防冲机构，构建了防冲技术管理体系，实现了冲击地压灾害的有效防治。

具体而言，华丰煤矿成立了由总工程师负责的专门防冲机构，设立了专门的防冲副总工程师、防冲办和防冲队及相关人员；不断加大对冲击地压防治的专项投入，并联合国内科研院所开展联合攻关，同时与波兰、德国、俄罗斯等冲击地压防治先进国家开展国际合作和技术交流；在严格执行《煤矿安全规程》等规章标准的基础上，制定了矿井冲击地压防治有关安全管理制度，包括安全技术管理制度、冲击地压防治岗位安全责任制度、培训制度、事故报告制度等工作规范；对揭露的煤层及其顶板开展了系统的冲击倾向性鉴定和冲击危险性评价工作，并按采区、采掘工作面进行了冲击危险性评价和冲击危险区划分；制定了冲击地压防治的中长期规划和年度计划；通过采取优化开拓布局和保护层开采技术（图 2-5），实行区域防冲先行的防冲对策；通过引进波兰的 ARAMIS M/E 微震监测系统、ARES-5/E 地音监测系统，并配备国产

KBD5 型电磁辐射仪、工作面矿压监测系统和采动应力监测系统及采用钻屑法监测，实现了对冲击地压的监测与预警；采用煤层卸载爆破、煤层注水、煤层大直径钻孔卸压、顶底板深孔断裂爆破等技术进行局部冲击地压防治，并采用"负煤柱"技术，将下区段回风巷道布置在上区段采空区内，确保巷道在低应力状态下掘进和维护；同时，采用降低开采强度、均衡开采、间歇式生产和不过于集中生产等进行掘进和回采工作，降低应力集中；通过采取物料固定捆挷、人员穿防冲背心、在采掘区域设置供水供风系统、制定冲击危险区管理制度（封闭管理、准入制度、限员管理、双危重点管理等），有效地防止了灾害性冲击地压的发生。

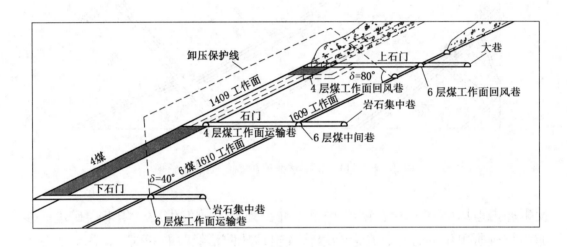

图 2-5 华丰煤矿保护层开采实例

华丰煤矿通过多年的研究与防治实践，认为煤矿发生冲击地压的主要原因有：①4 层煤具有强冲击倾向性，4 层煤顶板具有中等冲击倾向性，具备发生冲击地压的"内在因素"；②4 层煤工作面采深达到 1000 m 以上，原岩自重应力和构造应力高；4 层煤坚硬中砂岩顶板及上覆 500~800 m 厚砾岩层的存在，是 4 层煤发生冲击地压的主要力源；加之采动引起的支承压力与应力集中，构成了发生冲击地压的高应力条件和"力源因素"；③4 层煤为厚煤层且存在薄软层结构，断层、褶曲及煤层变薄带等结构的存在，为冲击地压的发生提供了"结构因素"。从冲击地压类型上分析，华丰煤矿的冲击地压主要是顶板垮断型，即顶板及上覆巨厚砾岩层垮断形成动载，使高应力集中状态的煤层沿软弱结构面发生冲击式破坏，导致冲击地压发生。从冲击地压矿井类型上分析，华丰煤矿是典型的深部冲击地压矿井和坚硬顶板冲击地压矿井。

华丰煤矿实践总结的冲击地压防治经验是：在采用保护层开采和优化开拓

开采布置的条件下，重点应避免形成高应力区，降低开采强度，并对顶板进行必要的处理，可有效防止冲击地压灾害的发生。

2.4 2006年"9·9"冲击地压事故分析

2.4.1 冲击地压事故地点采掘工作面情况

本次事故发生在1410上平巷东段。1410上平巷与1409下平巷之间的区段煤柱为3.0 m，沿4层煤底板掘进。1410西段上平巷2006年1月23日开工，施工100 m后于2月9日停掘，密闭前巷道整体复用U型棚进行了加固。巷道采用矩形断面，设计净宽3.8 m、净高3.0 m、掘进断面积12.0 m²；采用φ20 mm×2200 mm全螺纹钢等强锚杆锚带网支护，锚杆间排距800 mm×800 mm，后部紧跟φ17.8 mm×7000 mm单根钢绞线锚索补强加固。

1410东段上平巷于2006年7月10日开始施工，事故发生时已施工480 m，距贯通1410西段上平巷剩余18.0 m。巷道采用直墙半圆拱型断面，设计净宽3.8 m、净高3.3 m、掘进断面积12.0 m²；采用φ20 mm×2200 mm全螺纹钢等强锚杆钢带网支护，锚杆间排距800 mm×800 mm，后部紧跟φ17.8 mm×7000 mm单根钢绞线锚索补强加固。

1410工作面自2006年4月底开始试采，事故发生时已开采287 m，平均每月开采71 m。8月份，因与上平巷掘进头相向推进，矿方严格控制了推采速度，月推采距离上平巷33.8 m、下平巷36.8 m，平均35.3 m；为避免采掘动态应力叠加及顶板扰动影响，8月25日停止推采。

华丰煤矿4层煤具有冲击倾向性。为最大限度减少4层煤冲击的危害程度，降低4层煤原岩应力，矿方实施"采六保四"开采方案。为此，先期开采了1610、1611工作面，保证了1410工作面在解放层保护范围开采。2006年9月9日冲击地压事故发生时，1611中面与1410工作面相距700 m，与1410上平巷东段事故迎头位置相距540 m。

1410上平巷巷道设计采用直墙半圆拱型断面，净宽3.8 m，净高3.3 m，掘进断面积12.0 m²，采用φ20 mm×2200 mm全螺纹钢等强锚杆锚带网支护，锚杆间排距800 mm×800 mm，后部紧跟φ17.8 mm×7000 mm单根钢绞线锚索补强加固，端头树脂锚固。为提高巷道支护强度，措施规定在迎头后部进行复用U型棚加强支护，棚距0.8 m。

1410采煤工作面长度130 m，共装备86组液压支架，基本支架为80架ZF5400/17/28型放顶煤液压支架，四柱支撑掩护式，整体顶梁，双活动侧护板。工作面自2006年4月底开始试采，为避免采掘工作面应力叠加及顶板扰动影响，在推进287 m后于2006年8月25日暂时停止回采，停采时工作面距

－840 m 边界石门 43 m。2006 年 9 月 9 日事故发生时，1410 中段上平巷的东段掘进工作面距离 1410 工作面 160 m。

　　1611 工作面 2004 年底完成安装任务，2005 年开始试采，其生产地质条件复杂，采高小，断层构造多，底板松软，推采速度慢。工作面装备 ZY2800/8.5/19 型掩护式液压支架，已开采 945 m。9 月 9 日冲击事故发生地点与 1410 工作面相距 700 m，如图 2－6 所示。

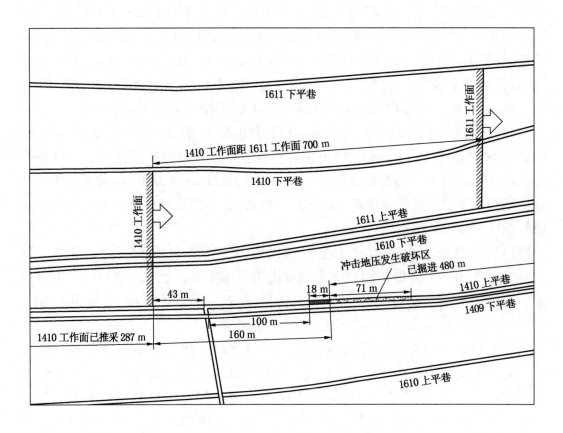

图 2－6　"9·9" 冲击地压事故位置示意图

2.4.2　事故前采取的措施

　　1410 上平巷自掘进初期即对该巷道按冲击地压巷道进行管理，落实防冲措施，保证巷道的安全掘进。

　　（1）制定了专门的防冲措施，明确了巷道冲击危险的监测措施、卸压措施及防护措施。严格落实了监测预报措施，对巷道进行了煤粉监测、电磁辐射监测、微震监测等多项监测措施，截至 9 月 8 日共实施了 665 个煤粉监测钻孔；对迎头及下帮煤体实施了爆破卸压，共实施了 554 个爆破卸压孔。

　　（2）专门制定下发了个体防护措施，组织职工进行了学习；严格落实了现场的防护措施，对设备物料进行生根固定。

（3）研发了专门的防冲钻具，应用了冲击钻，提高了防冲眼施工效率。

（4）将综掘破煤改为炮掘破煤，有效地减缓了迎头应力集中。

（5）坚持召开防冲会，严格落实防冲制度：每10天由总工程师组织召开一次大型防冲会，并形成会议纪要。

（6）对巷道复U型棚加强支护，提高了支护强度。

（7）及时停止了1410工作面的回采，防止出现采动相互影响。

（8）严格控制了特殊工序条件下的迎头职工作业人数。

（9）加强与科研院校的合作：针对1410工作面的冲击地压与北京科技大学正在开展技术合作。

2.4.3　"9·9"冲击地压事故经过

2006年9月9日10:30，1410上平巷发生冲击地压事故，摧毁巷道71 m，巷道顶底收缩1.4~2.5 m，两帮收缩1.0~2.3 m，迎头以外30 m处巷道高度仅为0.5 m，造成2人死亡，2人重伤（图2-7）。本次冲击地压震级2.0级，能量$2.2×10^7$ J。该巷道为1410工作面上平巷，全长498 m，已经掘进480 m，剩余18 m未贯通。震源位于掘进工作面前方30 m四层煤底板下55 m，属于岩层断裂型冲击。冲击地压发生前，迎头正在安装最后一根锚杆，下帮正打爆破孔。

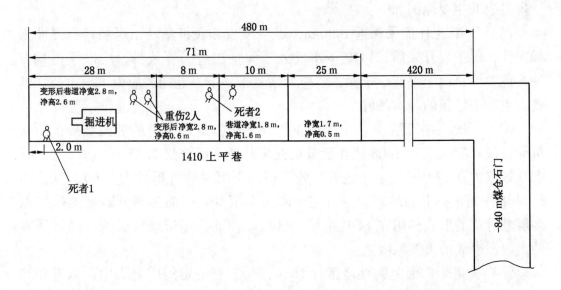

图2-7　1410上平巷冲击地压发生后破坏平剖面图

"9·9"冲击地压事故微震监测记录结果见表2-2。

表 2-2　微 震 监 测 记 录 表

时　间	震　级	能量/J	方　位
9月9日10:30	2.0	2.20×10^7	限幅

根据微震定位系统监测定位结果分析认为，2006年9月9日10:30冲击矿震坐标：$X = 3401$ m、$Y = 4304$ m、$Z = -857$ m，在1410上平巷掘进迎头（距1410上平巷石门140 m）。本次冲击地压是一次典型的有地质构造参与的顶底断裂型冲击地压。

工作面涌水量变化情况表明：1410工作面自2006年4月中旬开始回采，当工作面推进80 m时，采空区出水，水量为0.7 m³/min，6月20日涌水量增大至2.7 m³/min，6月21日涌水量进一步增大至3.5 m³/min，6月22日—7月25日，涌水量基本稳定在3.0~4.0 m³/min，8月12日涌水量增大至5.8 m³/min，8月14日涌水量增大至7.2 m³/min，8月15日—9月7日涌水量在4.4~6.3 m³/min波动，9月8日，当工作面回采至上平巷288.4 m、下平巷283.4 m时，工作面采空区涌水量突然增大至8.2 m³/min，9月9日涌水量为8.1 m³/min，9月10日涌水量为8.4 m³/min。涌水量变化说明上覆砾岩已发生活动，并引起断裂。

2.4.4　事故原因分析

事故的主要原因如下：

（1）1410工作面采深近1000 m，煤层顶板和底板坚硬，煤层具有强冲击倾向性，保护层开采后，1410下平巷处于保护层应力释放带，应该不再具有冲击危险性；而上平巷处于保护层应力恢复带，上平巷围岩应力水平很高，具备发生冲击地压的基本条件。

（2）1409工作面是第一个综放工作面，根据地表沉降的观测结果：地表沉降量仅0.75 m，比1408工作面分层开采时地表沉降量2.27 m小1.5 m，下沉系数仅为0.12，远远小于地表充分采动的下沉系数（通常为0.6）。这证明1409工作面顶板上部的砾岩没有完全断裂和沉降，弯曲和部分断裂的砾岩以多层悬臂梁的形式作用在1410上平巷区域。因此，多层悬臂梁的运动是诱发冲击地压事故的重要原因之一。

（3）掘进工作面距离贯通还有18 m，其上有一定的应力集中，掘进和卸压施工都可能改变岩层的支撑条件而引起围岩内的应力突变，从而诱发冲击地压。

（4）从事故发生后顶板砾岩出水、底板坚硬厚岩层瞬间破裂、震源与冲击地压显现位置相距较远等现象分析，表明本次事故属于多因素复合型冲击地压事故。

2.5　问题与解答：采掘相互作用对冲击地压的发生是如何影响的

对于这个问题，首先需要从采煤方法及采动影响范围说起。华丰煤矿是多煤层开采的矿井，主采 4 层煤和 6 层煤，煤层倾角平均 32°，层间距平均约 39 m。2006 年 9 月 9 日发生冲击地压事故时，开采 1410 工作面，开采深度约为 1000 m。矿井地面标高为 +130 m，矿井总体为单斜构造，煤系地层主要以砂岩结构为主，煤系地层之上为第三系砾岩，且为不整合结构，砾岩层平均厚度 350~1000 m，砾岩层之下为厚 30~40 m 的红色黏土岩层，黏土岩层之下为煤系地层，以砂岩为主，至煤层约为 90 m（图 2-1）。

华丰煤矿在 2000 年之前主要以分层炮采为主，6.3 m 厚煤层分为 2 层回采。之后，在煤矿开采技术进步的总体推动下，1409 工作面首先采用综采放顶煤一次采全厚。采用综放开采后，由于一次采出空间较分层综采时明显增大，从而导致因采动引起的应力影响范围增大，支承压力影响范围明显增加，但应力集中系数较分层开采略有降低（图 2-8）。采煤方法的不同导致工作面超前支承压力大小和峰值位置也不同。大采高开采、综放开采有利于单位应力梯度的降低，有利于冲击地压的防治。通常情况下，支承压力影响范围在分层开采条件下往往是几十米到上百米，而在放顶煤开采的条件下，支承压影响范围则会显著增加，达到 100 m 甚至 150 m。当然，这样的影响通常是指静载荷的影响而没有考虑动载荷的影响。在具有冲击危险的条件下，如果回采过程中存在动载荷作用，则其影响范围明显增大，可达到几百米。如果在放顶煤回采工作面影响范围内同时布置其他采掘工作面，采掘工作面支承压力共同作用，煤岩体应力将存在一定的叠加。这种叠加作用很可能达到煤岩体的极限强度，或在动载荷的作用下，在采煤工作面或掘进工作面附近就有可能发生冲击地

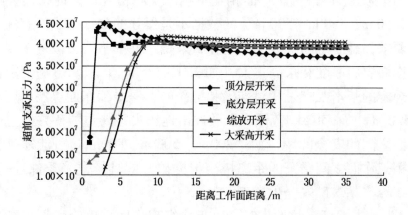

图 2-8　不同采煤方法条件下支承压力的分布规律

压，造成冲击地压事故，甚至造成人员伤亡或财产损失。

为了弄清采掘工作面间的相互影响、相互作用对冲击地压的影响，本书结合华丰煤矿"9·9"冲击地压事故工作面的采掘实际进行分析。

如前所述，此次冲击地压发生在掘进工作面迎头至后方71 m范围内，而与工作面迎头相距163 m的1410采煤工作面已经停采。同时，掘进工作面迎头距1410上平巷西段有18 m煤柱巷道没有贯通。在两个采掘工作面影响的范围内：一方面受采煤工作面的采动影响，在工作面前方100 m甚至200 m范围内的应力重新分布而造成应力集中；另一方面因掘进工作面的掘进活动影响，使这个区域的煤岩体处于动态扰动的受力状态下；再加上该区域附近地表下沉很小，表明顶板岩层没有及时垮断。所以该区域存在静态应力集中、掘进扰动和上覆砾岩层顶板断裂导致的动载作用，从而导致冲击地压事故的发生。当然，这个区域的应力状态是较为复杂的，而弄清该区域应力场也是极其困难的，但可以肯定地说，这个区域是冲击危险区，应在实际采掘活动中高度重视这个区域冲击地压的现场管理。进一步分析可以看到，1410采煤工作面距离掘进工作面只有160 m，而1410工作面距离1611工作面是700 m，冲击事故地点距离1611工作面也不过540 m。对照《煤矿安全规程》第二百三十一条和《防治煤矿冲击地压细则》第二十七条可以知道："**开采冲击地压煤层时，在应力集中区内不得布置2个工作面同时进行采掘作业。2个掘进工作面之间的距离小于150 m时，采煤工作面与掘进工作面之间的距离小于350 m时，2个采煤工作面之间的距离小于500 m时，必须停止其中一个工作面，确保2个采煤工作面之间、采煤工作面与掘进工作面之间、2个掘进工作面之间留有足够的间距，以避免应力叠加导致的冲击地压的发生。**"事实上，《煤矿安全规程》和《防治煤矿冲击地压细则》中这些具体规定，实际上参考了华丰煤矿这次"9·9"冲击地压事故采掘工作面相互影响的实际情况。同时，需要进一步指出的是，"150 m、350 m、500 m"的数据不是保守的数据，是所有冲击地压矿井的基本要求，是规定的红线，无论什么采掘条件都不能突破这个规定。就是说，在工作面煤层厚度和采高不大（如2.0~3.5 m）、采动影响范围较小的矿井，这个规定的基本要求是相对准确和可靠的；但对工作面煤层厚度和采高大（如大于5.0 m）、采动影响范围大以及冲击地压灾害严重的矿井，应适当加大采掘工作面之间的安全间距，如"200 m、500 m、800 m"可能才是合理、可靠的。采掘工作面之间错开的距离应当根据矿井的具体开采条件进一步细化、量化，以指导实际煤矿安全生产工作。

"9·9"冲击地压事故发生时，由于采煤工作面刚停产，而正在加紧掘进的工作面与其的直线距离只有163 m，在埋深大、水平构造应力大、采动应力叠加的条件下，回采与掘进过程中动载荷的相互扰动，可能是导致本次事故发生不可忽视的因素。

1410 工作面的生产实践表明：采掘工作面的相互作用对冲击地压的影响是十分显著的，在实际生产过程中，要高度重视采煤工作面和掘进工作面之间的相互影响，避免不同作业地点的支承压力相互叠加，导致应力过度集中。这也是《煤矿安全规程》规定采煤工作面之间、采煤工作面与掘进工作面之间、掘进工作面与掘进工作面间必须错开安全距离的主要依据。

总结分析华丰煤矿多年来冲击地压事故教训和防治经验，其之所以取得较好的效果，一条最有效的防冲措施之一就是保护层开采，尽管采用的是开采下保护层 6 层煤的保护层开采技术。华丰煤矿在实际开采中，十分严格把握保护层的充分开采，甚至在遇到断层时，宁可回采全岩的所谓"6 层煤"也要确保 4 层煤受到保护，使 4 层煤开采过程中应力得到有效降低。

另外，华丰煤矿开采倾斜厚煤层，采区内严格按从上到下顺序开采，下一区段采煤工作面的回风巷道布置在上一区段运输巷道的采空区侧，即"负煤柱"布置，如图 2-9 所示。具体而言，上一区段采煤工作面的上平巷（回风巷）沿煤层底板布置，下平巷（运输巷）沿煤层顶板布置，这样下一区段的采煤工作面上平巷就布置在上一区段的采空区内，形成"负煤柱"。通常情况下，下一区段的上平巷往往会布置在图中的 B 或者 C 处，形成宽度为 L_1 的区段煤柱。在华丰煤矿的实践中，下一区段的上平巷布置在图中的 A 处，距离上区段下平巷 L_2，处于上区段的采空区卸压区域内。这样的布置方式能够满

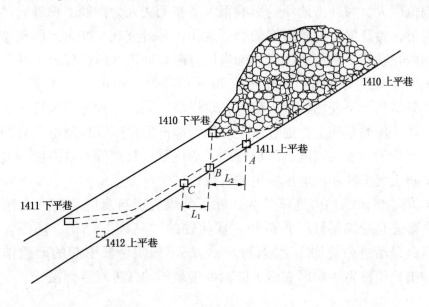

图 2-9　华丰煤矿深部开采回风巷道"负煤柱"布置示意图

足回采巷道始终处于低应力区范围内，降低了冲击危险性，防止灾害性冲击地压的发生。

2.6 关于"9·9"冲击地压事故的思考与建议

（1）煤层群开采条件下，保护层开采是优先考虑的，这对防治冲击地压是极为有利的。因为冲击地压的先决条件就是高应力的存在，而保护层开采正是降低煤岩体应力条件最有效、最本质的方法。这是防治冲击地压事半功倍的方法，也是《煤矿安全规程》和《防治煤矿冲击地压细则》中确定的**"区域先行、局部跟进、分区管理、分类防治"**的具体体现。

（2）华丰煤矿开采深度大，达到800～1200 m，自重应力达到20～30 MPa，为冲击地压的发生提供了基本条件。在这种条件下，降低煤岩体的应力值，尤其是煤层巷道浅部煤体的应力水平，对防治冲击地压的发生将起到非常重要的作用。通常情况下，采用煤层大直径钻孔卸压技术、煤层卸载爆破技术等局部防冲措施，使巷道浅部煤体不再具有承载能力，支承压力向煤体深部转移，从而起到防止冲击地压发生的作用。

（3）通常情况下，采掘相互影响是一种常态，但对于冲击地压矿井而言，这对冲击地压的防治是极为不利的，要最大限度地避免。华丰煤矿"9·9"冲击地压事故的实例表明：采掘相互影响是导致冲击地压发生的一个主要原因，主要是静态应力的叠加和动态应力的共同作用。

（4）华丰煤矿上覆岩层为厚度大于350 m的巨厚砾岩层，其垮断步距大，应力影响范围大，对冲击地压的影响很大。在无法人为控制上覆砾岩层垮断步距的前提下，要高度重视砾岩层的垮断规律，并研究其与冲击地压现象、事件和事故的内在联系，避免上覆巨厚砾岩层垮断对冲击地压造成灾害性影响。

（5）华丰煤矿与冲击地压开展了30年的斗争，积累了不少经验，其中最重要的一条就是严格现场管理。矿方在对煤层、采区、掘进和采煤工作面进行冲击危险性评价的基础上，通过制定和执行冲击危险区管理制度，对冲击危险区实施封闭管理、准入制度、限员管理、双危重点管理等有效措施，最大限度地提高了防止灾害性冲击地压发生的有效性。

（6）华丰煤矿的冲击地压发生，除了与煤岩层自身固有的冲击倾向性有关外，主要还是受煤层硬–顶板硬–底板硬的"三硬"结构、埋深大、水平地应力高、采动应力叠加、上覆巨厚砾岩层不规则垮断引起的动载作用等影响。其冲击地压发生影响因素多，防治冲击地压的任务艰巨而漫长。

3 大安山煤矿 "4·19" 冲击地压事故

3.1 事故概况

2016 年 4 月 19 日 1:10，北京昊华能源股份有限公司大安山煤矿发生 1 起冲击地压事故。事故发生在综采二段 +400 m 西一轴 10 槽西四面，造成 6 人受伤。

这起事故虽未造成人员死亡，但冲击地压所释放的能量却处于较高水平：根据地震台反馈，震级达到了 2.7 级，能量级别达到 10^8 J。该工作面埋深约 810 m，由于地处山区，其地质构造极为复杂，综合形成了同样复杂的高应力状态。事故发生地点邻近已回采完毕的西三工作面。该区域基本顶为厚度 30 ~ 50 m 的细砂岩，含有石英脉，胶结非常致密。以上要素为弹性能的大量积聚提供了基础条件。

综合分析认为，本次冲击地压事故为大埋深复杂地质构造作用下坚硬顶板悬空蓄能引起的复合型冲击地压事故。

3.2 矿井概况

大安山煤矿位于京西的崇山峻岭之中。京西煤田内断层与褶曲纵横交错，煤层变异性强，区域地质差别大，顶板坚硬，被李四光称为中国地质的 "百科全书"，与此对应的是同样复杂的地应力环境。其具体位置如图 3 - 1 所示。

大安山煤矿井田内，同样地势陡峻、沟谷纵横。区内最高峰为老龙窝，标高 +1646.5 m，最低沟谷为大北河一带，标高 +550 m，沟谷均为与地层走向直交或斜交的 V 形谷。矿区地貌为构造侵蚀中高山区，基岩多裸露，山上多为坡积、残积物，沟谷两侧及山地缓坡有冲积、洪积物，为砂砾石及土层。

大安山煤矿是典型的多煤层开采：开采煤层为中生界侏罗系下中统窑坡组，属京西煤田门头沟煤系（群），含煤 30 ~ 40 层，煤层总厚度 25.36 m，含煤系数 4.53%，可采煤层 12 层，自上而下是 15、14、13、12、10、9、7、6、5、4、3、2 槽，可采煤层总厚度 19.39 m，可采含煤系数 3.47%：其中全区可采煤层 3 层，即 14、13、2 槽；大部分可采煤层 5 层：12、10、9、7、5 槽；

图 3 - 1　大安山煤矿地理位置图

局部可采煤层 4 层：15、6、4、3 槽。采煤方法为斜坡后退陷落法，走向长壁炮采、普采和综采全部垮落法。可采煤层的顶底板岩性情况见表 3 - 1。

表 3 - 1　可采煤层顶底板岩性一览表

槽别	伪　顶	直　接　顶	基　本　顶	底　板
10	炭质粉砂岩， 厚：0.10 ~ 0.60 m	粉砂岩， 0.30 ~ 0.50 m（中西区）， 7.0 ~ 9.0 m（中东区）	细 - 含砾粗砂岩 （仅中东区有）， 一般厚：10.0 ~ 30.0 m	粉 - 细砂岩为 主局部含炭质泥岩， 厚：2.0 ~ 4.0 m
9	炭质粉砂岩夹煤线， 厚：0.10 ~ 0.60 m	粉砂岩， 厚：1.0 ~ 2.0 m	中 - 细耗岩 （仅中东区有）， 一般厚：2.0 ~ 5.0 m	薄层粉砂岩， 厚：1.0 ~ 4.0 m
7	粉砂岩夹煤线或 质泥岩， 厚：0.30 ~ 0.50 m	粉砂岩 - 细砂岩， 厚：2.0 ~ 9.0 m	中 - 细砂岩， 一般厚 2.0 ~ 5.0 m	粉砂岩， 厚：1.0 ~ 9.0 m
6	局部细粉砂岩， 厚：0.05 ~ 0.10 m	粉砂岩， 中东区较薄并粒度较大， 厚：3.0 ~ 10.0 m	—	粉 - 细砂岩， 厚：3.0 ~ 8.0 m
5	局部炭质泥岩或 细粉砂岩， 厚：0.15 ~ 0.30 m	粉 - 细砂岩， 厚：6.0 ~ 11.0 m	中 - 细砂岩， 一般厚 1.0 ~ 3.0 m	粉砂岩， 厚：6.0 ~ 16.0 m

3.3　大安山煤矿冲击地压情况

3.3.1　煤岩物性基础

1. 坚硬的顶板

大安山煤矿主要回采轴 5 槽、轴 9 槽以及轴 10 槽，以上煤层的顶板均为强度较大的粉砂岩或细砂岩。尤其是轴 10 槽,其细砂岩基本顶单轴抗压强度达到了 200 MPa,抗拉强度也达到 8 MPa,厚度达到 30 m 左右,其在积聚弹性能方面具有显著的优势。

如此坚硬的岩石对于巷道维护相对有利,但对于降低工作面的应力集中程度则是挑战:顶板越坚硬,工作面超前支承压力峰值距离煤壁越近;而难垮落的特性,使得开采过程中极易形成大面积悬顶,进而显著提高超前支承压力以及侧向支承压力的峰值水平。

2. 具有冲击倾向性的煤层

煤层作为冲击地压发生的主体,其自身属性必然对于冲击地压发生与否起到重要作用。对于冲击地压而言,该类属性统称为冲击倾向性,具体包括动态破坏时间、冲击能量指数、弹性能量指数及单轴抗压强度。

上述指标整体描述煤层积聚弹性能的潜力以及发生破坏时的剧烈程度。对于顶板和底板也有类似的指标,即弯曲能量指数,用来描述顶板在悬臂条件下能够积聚弹性能的潜力。

大安山煤矿主采的 5 槽、9 槽、10 槽煤层及其顶底板的冲击倾向性鉴定结果见表 3-2。

表 3-2　大安山煤矿煤岩冲击倾向性鉴定结果

煤 层 号	类　　别	综合判定结果
5 槽	煤样	弱
	顶板	弱
	底板	弱
9 槽	煤样	弱
	顶板	弱
	底板	弱
10 槽上	煤样	强
	顶板	弱
	底板	无
10 槽下	煤样	强
	顶板	弱
	底板	弱

煤岩冲击倾向性为冲击地压发生提供了物性基础,就好比一个人脾气坏,但他未必时时都在发火,想让他发火,还得有环境刺激。冲击地压也是

如此："具有冲击倾向性"只是表明对应的煤层和顶底板"脾气不太好"，但至于会不会发生冲击地压，什么时候发生，还需要充分考虑采掘环境的影响。

3.3.2 应力环境的影响

1. 静态应力环境

对于大安山煤矿而言，影响冲击地压最为突出的环境因素正是其复杂的地质构造：矿区内起伏的山峦，主要源于早期活跃的地质运动；京西构造演化至少经历了 5 次构造体制交替，期间发生了 10 次构造变形事件的改造，而每次都是由伸展构造体制转换为压缩构造体制。地壳在该过程中受到了多次的伸缩或开合。

上述地质活动带来的影响体现在两个方面：

（1）复杂的地表起伏。该特征使得大安山煤矿成为一个复杂的变量，井下煤层的应力状态可能在小范围内即发生较大的变化，如图 3-2 所示。

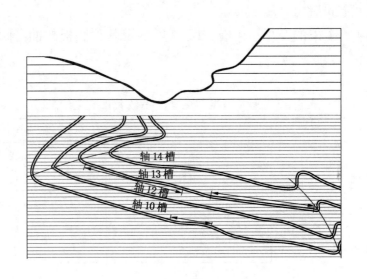

图 3-2　大安山煤矿典型位置剖面图

（2）频繁伸缩开合的地质活动造就了密集的褶曲、断层分布。井田的主要褶曲构造有：大寒岭倒转背斜、大寒岭倒转向斜、燕窝向斜、张裕背斜、百草台倒转向斜、百草台倒转背斜、张裕北向斜、张裕北背斜、西方寺倒转向斜、西方寺倒转背斜及西港向斜。井田内主要断层有：大网山逆断层（井田西部边界）、四眼台逆断层、马蹄沟逆断层、后槽沟逆断层、茶棚岭平推正断层。上述具体的地质构造对于原岩应力分布复杂度的影响是不言而喻的。大安山煤矿地质构造纲要如图 3-3 所示。

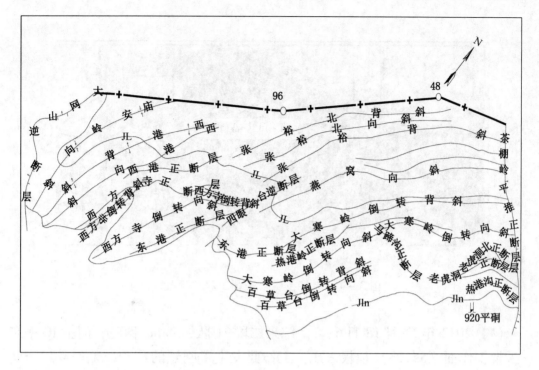

图3-3　大安山煤矿地质构造纲要图

2. 动态应力环境

地质构造、埋深等是影响冲击地压的主要天然因素。对于一个生产矿井，上述因素无法改变，但对于煤炭资源开采形成的采掘环境，则可以人为改变：如开拓阶段所形成的井巷布置、回采阶段形成的动态扰动、具体的防冲措施等。

对于大安山煤矿而言，采掘活动所营造出的最为突出的动态环境为多工作面互扰：受限于复杂的地质环境，大安山煤矿难以形成规则布置的采煤工作面，加上多煤层开采，使得大安山煤矿的工作面呈现出多层次、不规则的分布特征，造成应力环境进一步趋于复杂，并随着开采而具备了动态属性。其正常生产期间的采掘工程平面图如图3-4所示。

复杂的多工作面空间分布造成两方面影响：一方面使得遗留煤柱、采空区边缘等位置，对于上下煤层的应力集中状态存在显著的提升作用；另一方面，采掘活动、顶板破断等形成的动载扰动影响范围将呈现出更为复杂的叠加特征。

3.3.3　冲击地压现象发生情况

大安山煤矿在上述动静态叠加的应力环境因素影响作用下，煤岩体内储存的弹性能始终处于较高水平，导致了冲击地压现象的多次发生：

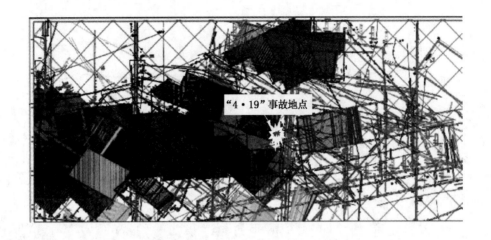

图 3 - 4　大安山煤矿采掘工程平面图

（1）2012 年 11 月 18 日 6:41，综采二段 21 队 + 550 m 西三石门轴 10 槽东三拆架工作面（53103）顶板来压。工作面发生了剧烈的震动，工作空间瞬间充满灰尘，工作面支护大部分变形，单体支柱部分被压断；工作面出口 15 m 巷道内支护严重变形，顶板破碎，多根单体支柱被折断，金属棚梁损坏，共破坏巷道 123 m，所幸没有造成人员伤害。

（2）2015 年 9 月 19 日 23:10，掘进一段 12 队 + 240 m 轴 10 槽东部采区西一面下巷自开口处 70 m 范围和中部上山自下部以上 50 m 范围内，发生一次冲击地压动力现象。东部采区西一面运输巷自开口 9 ~ 70 m 范围出现不同程度的底鼓及上帮位移片帮现象；中部上山自平巷口以上 5 ~ 50 m 范围出现底鼓及下帮外鼓现象。

（3）2016 年 1 月 25 日 7:46，+ 400 m 西一轴 10 槽中部上山与西四面下巷交叉口以下 10 m 至升降平台发生冲击地压动力现象，交叉口下部 10 ~ 30 m 处底鼓，12 ~ 20 m 处底鼓约 200 mm，20 ~ 30 m 处底鼓约 100 mm；工作面输送机向下帮偏移，部分锚杆锚索脱落。

3.3.4　冲击地压防治情况

大安山煤矿尽管发生了多次冲击地压，但由于不愿意戴上冲击地压矿井的帽子，早期认知不到位，对于发生的冲击地压常以"应力集中"来处理应对，故缺乏科学系统的防控体系。自 2016 年 4 月 19 日发生冲击地压事故后，矿井痛定思痛，开始正视冲击地压的复杂性及其带来的威胁，并按照相关规定开展了科学的冲击地压防治工作。

（1）采前冲击危险性评估/评价。大安山煤矿针对自身复杂的地质赋存情况，利用综合指数法、可能性指数法、数值模拟等方法，在开采前获得主采煤层的危险区域分布，并以此作为优化开拓布局、设计防控措施的依据。

（2）开拓布局的优化设计。大安山煤矿基于极为复杂的地质赋存条件，结合采前危险性评估/评价结果，以低应力环境开采为第一原则布置待采工作面。

（3）采中危险区域动态监测分析。大安山煤矿基于微震、应力在线、电磁辐射、钻屑法构建覆盖全空间的应力环境监测体系，并配套开发"井－地"信息联合分析预警平台，保证监测数据的充分挖掘，形成对于开采活动的切实指导，同时配合 PASAT－M 便携式微震探测系统，对于初次来压、工作面见方等关键节点进行超前探测，划定局部危险区域。

（4）分级防控解危措施。区域措施以低应力开采为原则优化布置工作面，而对于局部范围则采用高压煤层注水（15 MPa），配合大直径钻孔卸压覆盖工作面超前位置作为日常卸压措施，已确定的危险区则采用煤层卸压爆破作为解危措施。

（5）冲击地压日常管理。大安山煤矿每日由总工或防冲副总组织冲击地压工作面应力状况分析，保证措施设计、执行、验收的闭环和实效性，严格执行冲击危险区限员政策，强化个体防护，严格限制轴 10 槽工作面推进度，规范物料管理，加强防冲培训演练。

3.4　2016 年"4·19"冲击地压事故分析

3.4.1　"4·19"冲击地压基本情况

2016 年 4 月 19 日 1：10，在 +400 m 西一轴 10 槽西四工作面及其运输、回风巷发生一起典型的冲击地压事故。

事故发生在工作面接近中部上山阶段，发生时地面有强烈震感，经北京市地震台测定震级为 2.7 级地震。其发生位置如图 3 － 5 所示。

经现场勘查，本次事故的破坏情况如下：

（1）工作面运输巷。下端头以外 15 m 巷道严重变形，巷道高度 1.5 m 左右，宽度 1.3 m 左右；超前支护的单体液压支柱歪扭；转载机机尾段倾斜。

（2）工作面。工作面整体煤壁片帮，刮板输送机抬起，采煤机处电缆槽、挡煤板严重变形；26～45 号支架处工作面煤壁严重片帮，局部机道堵严，工作面刮板输送机断链，无法正常运转。

（3）采煤机、液压支架。连接采煤机上牵引部与机身的液压螺栓断裂 2 颗，机面与支架顶梁挤实；采煤机机身外移将 31～35 号液压支架前立柱挤弯，其中 33 号、35 号液压支架前立柱加长杆被挤断。

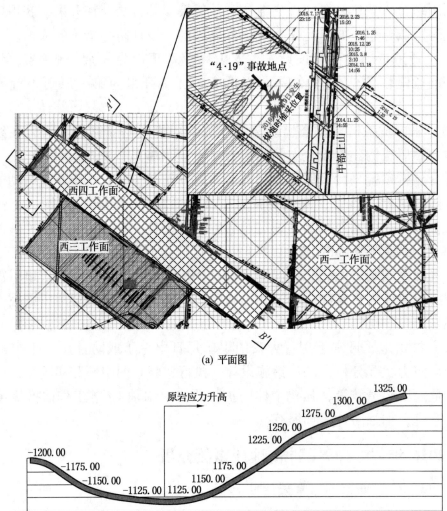

(a) 平面图

(b) 剖面图

图 3-5 "4·19" 事故地点示意图

（4）工作面回风巷。工作面往外 90 m 巷道底鼓、帮鼓，下帮超前支护被推倒，单体支柱挤断 4 根，中间排超前支护的单体支柱底脚位移歪扭。其中，工作面往外 26~56 m 处的 30 m 巷道因底鼓、帮鼓和单体支柱歪扭，行人无法通过。其他 60 m 巷道底鼓 0.2~1.0 m、下帮鼓出 0.2~0.6 m。

（5）运输系统。运输巷转载机、带式输送机无法正常运转，其他运输设备运转正常。

现场具体破坏情况如图 3-6 所示。

图 3-6　"4·19"冲击地压事故现场破坏情况

3.4.2　事故工作面基本情况

事故发生在 +400 m 西一轴 10 槽西四工作面。该工作面平均走向长度 653 m（已回采 381 m、剩余 272 m），平均倾斜长度 100 m，工作面平均倾角 17°，煤层平均厚度 2.5 m；工作面最高标高为 +452.2 m，埋深 697.9 m，工作面最低标高 +404.3 m，埋深 758.7 m，平均埋深 728.3 m。工作面采用走向长壁综合机械化采煤法，装备 MG250/600-AWD1 双滚筒采煤机、SGZ730/320 型刮板输送机、ZZ4200/15/32 工作面支架、ZZ4200/15/30 上下端头支架，采用垮落法管理顶板。

该工作面煤层基本顶是细砂岩，厚度 30~50 m，深灰色、厚层状、含石英脉、胶结致密。

3.4.3　事故前监测数据基本情况

矿井当时具备电磁辐射监测、液压支架阻力监测等手段，在事故发生前的监测数据如图 3-7 所示。

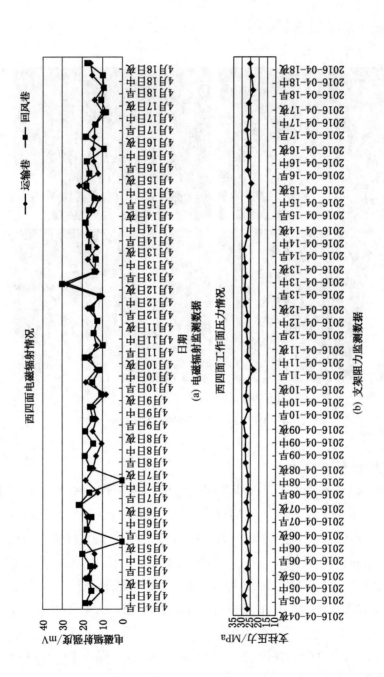

图 3-7 事故前西四面监测数据

事故前相关数据并未达到单项预警值。就总体演化趋势而言，电磁辐射和支架阻力都表现出轻微的上升趋势，但该趋势在更早的正常监测数据中同样有所表现，因此，在事故前监测数据并未体现出足以预警的异常特征。这一定程度上反映了在复杂地质构造条件下，大埋深工作面冲击地压事故预测的难度和事故本身的突发性。

3.4.4 主要诱因分析

（1）煤层自身具有强冲击倾向性。轴10槽煤层具有强冲击倾向性，使得复杂的外部应力环境能够在煤层中形成高水平能量积聚，同时也使煤体的破坏更趋于剧烈。

（2）地表起伏造成局部地应力升高。通过剖面图展示出的地表起伏状况可以看到，发生事故的位置正处于地面标高开始上升的区域，埋深从730 m较快进入800 m范围，此处煤体内存在较为明显的应力梯度，极易形成较高水平的应力集中。

（3）工作面处于复杂地质构造区域内。西四面处于百草台倒转向斜南北轴之间，工作面上覆为百草台倒转向斜南轴翻转及倒立部分，构造应力处于较高水平，煤体内存在较高的弹性能积聚，开采活动将使得上述能量得以释放。

（4）坚硬顶板破断形成频繁动载扰动。相邻西三面回采过程中，顶板未表现出明显的周期来压，西四面回采使得高位坚硬顶板悬顶面积增加，开始出现破断，积聚于顶板内部的弹性能得以释放。自2015年9月19日至2016年4月19日，煤矿在17处位置出现矿震事件，且呈现出明显的周期性，各事件间距35～50 m，如图3-8所示。

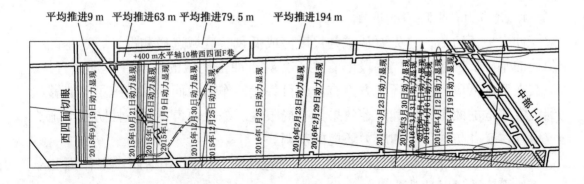

图3-8 "4·19" 事故前矿震分布图

（5）煤柱应力叠加形成高水平应力集中。事故位置上部90 m左右，存在轴13槽采空区遗留煤柱,同时,西四面回采后期与中部上山形成孤岛煤柱。工作面接近二者叠加作用区域时,矿震事件发生频度上升,事件间距缩短为5~10 m。

大安山煤矿集较大的埋深、复杂的地质构造、强冲击倾向性的煤层、极为坚硬的顶板、上部煤层遗留的煤柱等要素于一身,且各要素的量化指标都属于同类上游水平,其采掘活动面临冲击地压的威胁自然是常态。

3.5 问题与解答:坚硬顶板、复杂地质构造条件下如何防治冲击地压

冲击地压矿井类型一般可划分为浅部型、深部型、构造型、坚硬顶板型和煤柱型。本书以此为标准对照大安山煤矿的冲击地压情况,可以发现,除了与深部互斥的浅部型,大安山煤矿具备了冲击地压矿井所有类型的典型特征,而且每个特征都达到了相对较高的水平:埋深多变局部可达千米、构造复杂实属国内罕见、顶板单轴抗压强度最大接近200 MPa、煤柱分布复杂且又相互影响。同时,以上因素都隶属于静态环境要素:即埋深和构造无法改变,顶板过于坚硬无法人工破断(经现场试验验证),复杂的煤柱分布已然成型。面对上述状况开展防冲工作就需要从冲击地压的本质出发进行针对性设计:冲击地压发生的根本原因在于弹性能的大量积聚,而采掘活动是造成煤矿出现应力集中的根本原因;对于既定的环境要素而言,依势而行制定合理的采掘工作等区域措施,是完成冲击地压主动防控的唯一路径。

区域措施主要包括:低应力开采环境的选择以及回采阶段的关键措施。同时,煤层作为冲击地压发生的主体,对其进行充分弱化,将能够进一步强化防控效果。

1. 低应力开采环境的选择

冲击地压防治,首先要从矿井尺度完成低风险区域选择和设计,这是区域防控的基础。区域性防控手段乍看之下,对于冲击地压的影响并不那么直接,但其在奠定低应力开采环境方面有着无可替代的作用;而局部措施虽然能够起到应急解危的效果,但其防控效果具有局限性。综合而言,区域性防控措施奠定了具体矿井防冲工作和应力环境的基调。

对于大安山煤矿,当时拟采的工作面包括+240轴10槽西一工作面和东一工作面,通过对比认定:

(1)西一工作面性状相对规则,而东一工作面存在转折。

(2)西一工作面四邻关系简单,而东一工作面周边采空区、煤柱分布复杂。

（3）西一工作面上部轴13槽工作面采空区基本覆盖全工作面，而东一工作面上覆采空区仅能覆盖局部，对于开采不利。

（4）西一工作面通过F_{28}雁列式断层与大部已采区域形成一定隔断，而东一工作面与周边存在较强的潜在联动关系。

低应力区域选择如图3-9所示。

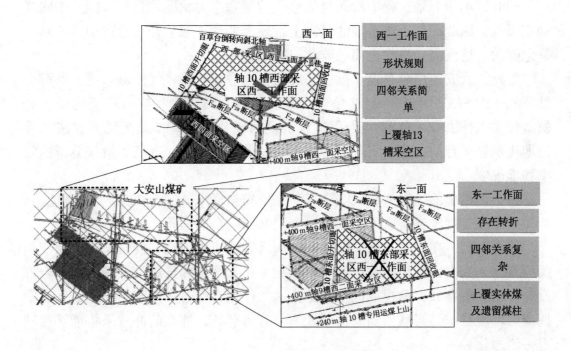

图3-9　低应力区域选择示意图

基于上述分析，将+240轴10槽西一工作面确定为待采工作面；进一步，将西一工作面长度拉长至170 m（西四面为100 m），以尽可能形成较大的顶板跨度，实现及时垮落，避免在顶板内积聚过多的弹性能；确定工作面基本形状后，借助数值模拟完成工作面开采过程的危险预评价，对于潜在危险区域形成定性认知。

2. 回采阶段关键措施

回采阶段最为关键的环节即为推进度的合理确定以及日常防冲工作的切实执行。

对于日常回采，矿方将原"三-八"制调整为"四-六"制，两班用于卸压和准备，形成与其他工作面的错峰生产，尽可能减少共采互扰；同时，在开采之初即确定低推进度的总体原则：控制日推进不大于1.8 m，工作面"一倍见方"等敏感阶段前，每个圆班推采长度1.2 m，月推进不大于40 m。

在上述措施基础上，矿方设计执行了主动预防控制措施：大直径钻孔卸压覆盖超前工作面 200 m，间距 1 m；煤层注水超前工作面 100 m，间距 20 m，孔深大于 30 m；巷道断底超前工作面 100 m，间距 1.5 m，孔深至底板岩层；煤层卸压爆破超前工作面 80 m，间距 5 m，孔深 20～30 m。矿方最大程度弱化煤层强度，提高其对于动载扰动的承受能力。

同时，由于开采过程中所面对的地质构造和应力状况均具有一定的未知或动态属性，因此，在上述措施的基础上，还需要动态回答开采过程中哪些地方是危险的。这就需要搭建全面的监测、探测体系。

为此，大安山煤矿布设了微震、应力、电磁辐射等在线监测系统，并配合钻屑法、PASAT – M 探测完成对于采掘空间的全面覆盖和应力环境的动态分析。相关工作由专人负责，实现 24 h 的全时段覆盖，并在此基础上完成了冲击地压预警平台的搭建，实现了多类型数据的融合分析，提高了数据分析的效率和准确度。

在上述措施的作用下，大安山煤矿完成安全回采，并于 2018 年顺利退出，相关技术及管理经验被原国家煤矿安全监察局向全国推荐。

综合而言，在面对不利的物性基础和复杂的应力环境，同时又难以改变相关因素时，大安山煤矿的基本策略可归纳为：宏观选择低风险区域开采；合理设计开拓布置参数；重视推进度的源头诱发作用；配合煤层充分弱化；动态掌握应力环境状况。当然，如果顶板处理具有可行性，那么防冲效果将能够得到进一步强化。

3.6 关于"4·19"冲击地压事故的思考与建议

大安山煤矿地质赋存条件的复杂程度在全国范围内非常罕见，而"4·19"冲击地压事故的表现形式也显著区别于其他案例，最为典型的特征即为工作面的冲击地压显现：此次事故发生后，工作面整体煤壁片帮，730 刮板输送机抬起，730 刮板输送机采煤机处电缆槽挡煤板靠紧支架严重变形，26～45 号支架处工作面煤壁严重片帮，局部机道堵严，工作面 730 刮板输送机链折断，个别刮板输送机板脱接，无法正常运转。

由于工作面支护强度显著高于巷道，因此，多数冲击地压事故案例并不会对工作面造成显著的破坏，这也是冲击地压事故显现多集中于巷道的原因。而能够造成工作面出现显著破坏的冲击地压事故，其能量释放的强度和量级显然高于多数事故案例。"4·19"事故工作面破坏情况如图 3 – 10 所示。

对于全国多数冲击地压矿井而言，其地质赋存条件的复杂程度一般不及大

图 3-10 大安山煤矿 "4·19" 冲击地压事故工作面破坏情况

安山煤矿。也正是在这样的前提之下，我国绝大多数矿井的冲击地压是可防可控的。这也同样暗示类似于大安山煤矿的极个别矿井，其冲击地压防控难度之高已然对于 "可防可控" 形成了挑战。大安山煤矿也正是在这样的背景下，综合考虑了北京特殊的安全管理环境和冲击地压防控难度，在投产 43 年后，于 2018 年选择了关闭退出，从根本上消除了冲击地压的安全威胁。

然而，也正是由于 "4·19" 事故，大安山煤矿对于冲击地压的重视程度达到了前所未有的高度。北京昊华股份有限公司直接将大安山煤矿的防冲工作列为公司 "天字一号" 工程，拥有先斩后奏的权限，以此才有了产量为安全让路的底气，才有了对于推进度这一关键指标的有效控制。然而，产量为安全让路这一简单的逻辑，在相当一部分矿井中却成为了最容易被 "忽略" 的要素。大安山煤矿冲击地压防控工作难度极高，其在极为复杂的地质赋存条件下，为全国冲击地压防控工作的持续推进积累了宝贵的经验：

（1）冲击地压的有效防控以科学严谨的态度为先决条件。大安山煤矿所具有的大埋深、极复杂地质构造、坚硬厚顶板等条件，使每个因素都足以单独致灾，更何况是复合存在。但煤矿在采取了科学合理的防冲措施后同样能够实现安全回采。"态度决定一切"，在防冲工作中实非一句空话。

（2）务必将冲击地压防控作为自始而终的系统工程对待。《防治煤矿冲击地压细则》中明确提出 "区域先行、局部跟进、分区管理、分类防治" 的基本原则。这绝非一句口号：建井前的合理设计为后续低应力环境开采奠定基调，开采过程中的局部措施能否取得预期的效果，同样以区域性手段是否科学合理为前提；对于具体的监测预警和防控解危措施，也都具有各自的针对性，需要配合成为体系才能发挥出最优的组合效果。

（3）冲击地压 "可防可控" 的理念存在适用边界。大安山煤矿地质条件极为复杂，优秀的煤质在一定程度上为开采的必要性提供了支撑，然而，在面对能够造成工作面大规模破坏的冲击能量和极为复杂的地质赋存环境时，承担高风险继续开采显然不是最优选择。因此，**承认极个别条件下冲击地压确实难以有效防控，并在此基础上科学权衡，将放弃开采列为待选项是极为必要的！**

4　唐山矿"8·2"冲击地压事故

4.1　事故概况

2019年8月2日12:24，开滦（集团）有限责任公司唐山矿业分公司（以下简称唐山矿）风井煤柱区F5010联络巷、F5009运料巷横管发生一起较大冲击地压事故，造成7人死亡、5人受伤，直接经济损失614.024万元。

事故发生在唐山矿风井工业广场煤柱保护区域F5010联络巷、F5009运料巷横管内。开采煤层为5号煤层，开采深度近800 m。该区域井田地质构造复杂，构造应力高；受开采历史影响，风井工业广场煤柱在周边煤层群开采后形成了"半岛"形煤柱，应力高度集中；F5009工作面及相关巷道沿走向和倾向支承压力叠加，采动应力集中程度高；掘进活动对事故区域煤岩结构稳定性具有扰动。

综合分析认为，本次冲击地压事故为区域构造应力为主导的冲击地压事故。

4.2　矿井概况

4.2.1　地理位置、交通情况、地形地貌

唐山矿隶属于开滦（集团）有限责任公司，位于河北省唐山市，开平煤田西北翼的西南端，周边无相邻矿井，为一独立井田。井田内原有增盛煤矿、刘庄煤矿两个矿井，2008年均已关闭，其开采区域远离唐山矿目前生产区域，对矿井安全生产无影响。唐山矿水、陆交通便利，地理位置优越：京哈、通坨、京秦、大秦4条铁路干线横贯井田周边；高速公路发达密集，京沈、唐津、唐港、西外环4条高速公路在境内交汇互通；唐山的水路运输能力持续增长，与北京联合兴建的京唐港现在已成为中国北方的重要出海口。唐山矿交通位置如图4-1所示。

唐山矿所处地区地形复杂，煤田北依燕山，南临渤海，地势北高南低。地面海拔高程：北部丘陵区，海拔标高为+296 m，南部平原区，标高间于+1～+60 m。井田内含煤地层走向、倾向的产状变化主要受矿井主体大型断层及西部一系列褶曲构造影响。井田北部煤层产状变化较大，近于直立出露于地表，

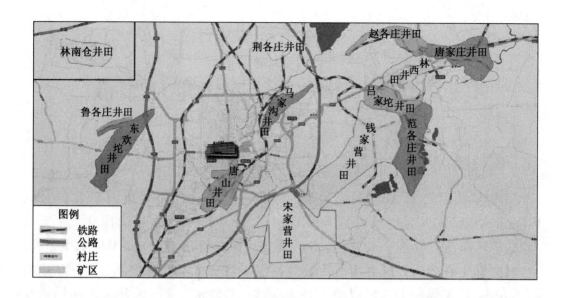

图 4 - 1 唐山矿四邻关系及交通位置图

受边界断层及伴生构造影响较大；中部产状变化不大，煤层走向与井田走向近于一致，大部分倾角平缓，构造相对较少；西南部受褶曲构造影响产状变化较大，煤层走向与井田走向近于垂直，煤层倾角较大。岳胥区东西两翼为急倾斜煤层，构造较多，岳胥区东西两翼目前无工程延深。井田构造发育对矿井规划设计和生产均有很大的影响：大中型构造发育影响采区的划分，造成煤层缺失或者重复，煤岩层厚度、起伏变化大；断层附近伴生、派生小构造发育，煤岩层破碎，能划分出部分正规采区；唐山矿无岩浆岩侵入。唐山矿井田地质构造复杂程度的类型综合评定为复杂。

4.2.2 井田范围

井田范围由市中心经西南郊延至丰南市，地理位置：东经 118°13′37″，北纬 39°37′16″。井田东起工业广场煤柱线，西至岭子背斜 14 煤层露头线，南部边界为 FⅤ 号和 FⅣ 号断层，北部边界井口附近为 14 煤层露头线，往西为 FⅢ 断层下盘 14 煤层突出点。整个井田长 14.55 km，宽 3.5 km，井田面积 37.28 km²。采矿许可证登记的矿区面积约 55.0101 km²。

4.2.3 矿井生产能力及服务年限

唐山矿自 1878 年开凿 1 号竖井至今已有 143 年的开采历史：1997 年核定生产能力 270 万 t/a，2005—2009 年核定生产能力 410 万 t/a，2010—2013 年核定生产能力 420 万 t/a，自 1881 年投产以来至 2013 年底，矿井累计产量 23117 万 t。

4.2.4 矿井开采现状

唐山矿为多水平、分区域生产，采用立井多水平开拓方式，中央式通风，抽出式通风。矿井共有 11 个立井：A 区 6 个，分别是 1、2、3、4、5、6 号井；B 区 5 个，分别是 8、9、10 号井、1 号回风井（老风井）和 2 号回风井。矿井共有 14 个水平，水平大巷之间垂距（分阶段高度）60～100 m，采区石门间距 300～500 m。除有直通地面的竖井外，各水平之间用暗立井和斜井连通。矿井主要生产水平为 12 水平（－680 m）和 13 水平（－793 m），主要运输水平标高 11 水平（－580 m）。煤层间开采顺序为自上而下，采区内同一煤层开采顺序为自上而下；采煤工作面为走向长壁布置，目前矿井采煤工艺主要为综合机械化采煤、综合机械化放顶煤开采工艺以及固体充填开采工艺。采煤工作面顶板管理为自然垮落法和充填开采控制顶板下沉法两种。目前主要生产区域为岳胥区首采区和南五采区。其中，风井工业广场煤柱在"8·2"事故发生后，暂停了该区域内所有采掘工程活动。

矿井主要开采煤层为 5、8、9、12－1 煤层，煤种为长焰煤，自然发火期为 30 d，最短发火期 7 d，煤尘具有爆炸危险性，爆炸指数为 36.03%。矿井建有防灭火灌浆系统，灌浆站设置在风井工业广场，配备 2 台 4DA－8×2 型水泵。灌浆管路采用 ϕ108 mm 无缝钢管，井下灌浆管路总长 34 km。矿井同时配备有注氮、束管监测系统，防火系统满足安全生产需要。

2019 年测定的矿井绝对瓦斯涌出量为 40.19 m³/min，相对瓦斯涌出量为 6.51 m³/t，属高瓦斯矿井。矿井建设有地面固定抽采系统和井下移动抽采系统。

矿井水文地质类型为复杂型，为此，建有 A 区和 B 区两个排水系统，采用分系统、分段式多级排水方式。矿井现有 5 个主排水泵房及 1 个潜水泵房。

矿井安全监控系统、井下人员位置监测系统、压风自救系统、供水施救系统、通信联络系统等均符合国家标准等相关要求。

4.3 唐山矿冲击地压情况

4.3.1 冲击地压事故情况

唐山矿井田内煤岩冲击动力失稳事故主要发生在 5 槽、8－9 槽合区煤层的开采过程中。矿井自 1964 年 6 月 7 日发生第一次冲击地压以来，随着开采面积的扩大和采深的增加，煤岩冲击动力现象日趋严重。据统计，冲击地压至今为止共发生了 90 余次，其中有伤亡和破坏的 9 次，造成多人伤亡，数千米巷道遭到破坏，机电设备损坏，给生产和安全造成极大威胁，见表 4－1。

表 4 – 1 唐山矿主要冲击地压统计

序号	工作面	冲击地点	开采布局	顶板岩性	显现状况
1	2151 轴	工作面前方新切眼	三面采空，一面向斜轴部	直接顶：细砂岩 1.7 m；基本顶：粉砂、中粒砂岩 4.2 m	距工作面 35 m 内，风巷、运巷支架折断，塌冒
2	5257	风道及边眼	三面采空	直接顶：细砂岩 4.0 m；基本顶：细砂、中粒砂岩 8~15 m	支架折断、巷道坍冒，煤体被抛出
3	5251	风道	三面采空	直接顶：粉砂、细砂岩 4.4 m；基本顶：中粒砂岩 4.2 m	48 m 范围内支架被推倒，底鼓 800 mm
4	5355	工作面中部	三面采空	直接顶：细砂岩 4.0 m；基本顶：细砂、中粒砂岩 8 m	顶板突然破断释放能量，造成支架下缩 400 mm，顶板断裂深度达 400 mm，影响范围 40 m
5	5158	工作面、运输巷、风巷	三面采空	直接顶：粉砂、细砂岩 4.4 m；基本顶：中粒砂岩 4.2 m	工作面支架下缩 300 mm，巷道底鼓严重，轨道扭歪
6	5050	边眼	四面采空	直接顶：粉砂、细砂岩 1.7 m；基本顶：中粒砂岩 6.0 m	巷道两侧煤体射出，拱形支架震倒 4 架，巷道坍冒
7	5287	风道、运输道、二西副巷	三面采空，上部有煤柱	深灰色泥岩 7.6 m	支架折断将矿车压住，颠翻液压泵站，矿车落轨
8	3652	风道	向斜构造斜穿工作面	直接顶：中粒砂岩 5 m；基本顶：中粒砂岩 10 m	严重变形巷道长 100 m，坍冒 30 m，底鼓 1 m
9	F5009	F5010 联络巷、F5009 运料巷横管	向斜构造轴部	直接顶：细砂岩 6.0 m；基本顶：细砂岩 17.5 m	F5010 联络巷下帮向巷道内移近 0.5~2.0 m，巷道上帮轻微破坏；底鼓量为 1.0~2.5 m；F5009 运料巷横管整体底鼓、两帮移近，巷道内轨道侧倾，巷帮管路偏移至巷中，断面最小处 1.9 m×1.5 m，底板向上隆起

通过对唐山矿典型冲击地压显现特征分析得出：冲击地压大多发生在两面或三面临空的半岛或孤岛形煤柱中以及上层开采遗留的残柱下方的应力传递区域。这种残柱影响深度可达 150 m，在这些煤柱中掘进回采巷道或进行回采时发生煤岩冲击动力失稳。例如，五煤层的 5257 工作面，临近收尾时已是四面临空

（为回收自移式液压支架进行巷道准备），在套棚过程中触发煤岩冲击动力失稳，导致范围内巷道金属摩擦支柱全部折断，巷道多底鼓，如图4-2所示。

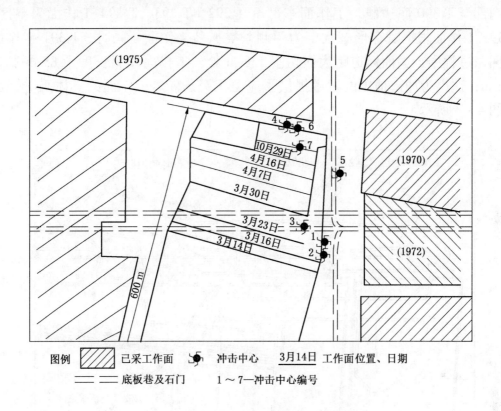

图4-2　5257工作面冲击地压示意图

此外，当工作面布置在两面临空的半岛或孤岛形煤柱时，冲击地压显现频繁且发生位置大多位于采煤工作面、回风巷、运输巷内及超前支承压力影啊范围内。临近采空区的巷道发生最多，实体煤内布置的巷道次之，工作面回采空间内发生最少。冲击地压有时发生在高应力区的岩石巷道中，在高应力区内掘进或套修的巷道内也会发生。煤岩冲击失稳多表现为突然发生并伴有强烈声、震动和冲击波，煤岩瞬间破坏并抛向工作空间，造成粉尘飞扬，支架严重压缩变形以致损坏，巷道底板及其轨道隆起，设备搬移，巷道堵塞，如唐山矿$T_1 391$孤岛工作面。

8、9两个煤层工作面在唐山矿作为一个合区工作面存在。其中$T_1 391$工作面位于合区内，总体属于孤岛工作面。由于8、9两块煤体构成了$T_1 391$工作面，所以命名为$T_1 391$大面和$T_1 391$小面：煤层倾角在4°~21°，平均16°；煤层中厚度为9.5~14 m，平均10.4 m；在大面中，孤岛工作面走向长600 m，倾向长度85 m（里段）和124 m（外段），可采储量约1 Mt；在小面中，孤岛工作面走向长 490 m，倾向 85 m，可采储量 0.6 Mt。T_1391 工作面开采深度为 −680 ~ −780 m，工作面北邻 8060 斜井，西部为 T_1392 工作面采空区，工作面南部至 T_1390 底边眼，工作面东部至 T_2292、T_2293、T_2294 工作面采空区。T_1391 工作面根据赋存形态判定为两侧采空孤岛工作面。同时，T_1391 工作面在回采过程中，大面风道距大面切眼 130 m 处，工作面倾斜长度由 85 m 变为 124 m，这也为冲击地压的发生提供了应力积聚条件。工作面的具体采掘平面如图 4 − 3 所示。

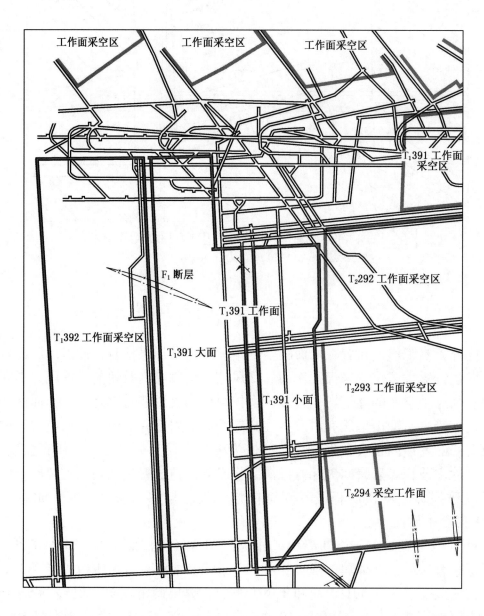

图 4 − 3　T_1391 工作面采掘工程平面图

4.3.2 冲击地压防治情况

唐山矿的主要冲击地压防治工作是建立并完善了冲击地压防治体系，具体包括：

（1）防冲制度、机构及人员情况。矿井成立了以矿长任组长，生产矿长、总工程师、各专业分管副矿长任副组长，各专业副总及专业科室、单位主管负责人为成员的冲击地压管理领导小组，规定了相关管理人员及基层单位的冲击地压安全生产岗位责任制度；设立了专职防冲副总工程师，同时成立了防治冲击地压办公室，明确了分管冲击地压防治工作的机构，配足了专业防冲技术人员和施工人员，印发了《冲击地压防治综合管理制度》等24项制度，补充完善了《2019年矿井灾害预防与处理计划》《井下避免因冲击地压产生火花造成煤尘、瓦斯燃烧或爆炸专项措施》《冲击地压复合灾害综合专项技术措施》《0292、Y394综放工作面特厚煤层开采防冲专项措施》和各工作面及巷道防冲安全技术措施等。

（2）冲击危险性评价与防冲设计。2019年5月，山东科技大学对唐山矿5、8、9煤层进行了冲击危险性评价和防冲设计。2019年9月，开滦集团完成唐山矿煤层、采区、工作面和有关巷道等的冲击危险性评价和防冲设计的专家评审。评价结果：南五采区3个煤层整体具有中等冲击危险；岳胥区3个煤层整体具有中等冲击危险，部分区域存在强冲击危险。

（3）编制了矿井中长期防冲规划及年度防冲计划。2019年9月，矿方委托山东科技大学编制了《矿井防治冲击地压中长期规划（2019—2022年)》，并编制了2019年度防冲计划，为矿井防冲工作奠定了基础。

（4）调整矿井生产布局、降低矿井产能。根据防冲规划要求，矿井调整了生产布局，暂停了风井煤柱采区的开采，主要生产区域为岳胥区和南五区。在此基础上，矿井重新调整了矿井生产定位，降低矿井产能，生产能力拟由420万t/a减为300万t/a。

（5）优化工作面及巷道布置。采区生产系统布置层位调整，设计把采区0060主运、0080轨道、0043回风的3条下山全部布置在无冲击危险的岩层中；5、8、9三个煤层采用联合布置；南五－950m水平以下采用单翼开采布置，将原设计的西翼0255、0293、0295、0297工作面取消，仅设计东翼部分。西翼部分剩余储量待系统回收一起考虑并设计；东翼工作面方向与9煤层不一致，存在锐角夹角，与采区巷道系统不垂直，存在锐角夹角，停采线位置呈阶梯状，冲击危险性较高。矿井将原设计工作面走向方向调整为与8、9煤层方向一致，与巷道系统基本垂直，停采线保持一致；巷道系统布置间距30m以上，对停产线进行调整，保证巷道保护煤柱留设不小于120m；对采区系统巷道进行优化设计，优化 0252 工作面生产系统巷道，优化水仓水平标高及位置；设计 5、8、9 三个煤层工作面连接的集中斜石门；工作面倾斜长度全部调整为斜长 150 m。

（6）建立了矿井冲击地压监测系统。矿井配备了 ARAMIS M/E、KJ768 微震监测系统、KJ216B 在线应力监测系统（矿压监测一体化）、YDD16 和 KBD5 电磁辐射仪等，制定了冲击地压危险性监测制度、监测预警临界指标及处置措施、调度处置制度和预警处理结果反馈制度等，为冲击地压区域和局部联合监测预警奠定了基础。

（7）卸压解危治理及效果检验。在冲击危险性评价和防冲设计报告的基础上，矿井主要采用煤层卸载爆破方法对中等及以上冲击危险区进行了卸压治理。在对中等及以上冲击危险区实施爆破卸压治理后，矿井采用钻屑法进行检验，对超过钻屑量临界值的区域进行二次卸载爆破治理，并采用钻屑法检验直至确认消除冲击危险。

（8）加强安全防护和全员冲击地压教育培训。根据冲击地压防治工作需要，调整原"三八"班制劳动组织为"四六"班制劳动组织，其中，两班生产、一班检修、一班准备或卸压，以增加工作面卸压能力；在冲击危险性评价和防冲设计报告的基础上，对矿井中等及以上冲击危险区域采取了加密或增打拱形棚支护、补打倾角大于 25°煤层巷道上帮锚索支护、围岩破碎区域支护等措施；在 Y394 工作面、0253 工作面、0292 工作面两巷设置了限人管理站；为所有进入强冲击危险区的人员配备了防冲服等个体防护；巷道内物料设备采取了固定捆绑措施，采煤工作面超前 200 m 范围内的泵站等均按要求移至安全区域；按照矿井防冲教育培训制度、矿井中长期防冲规划和年度防冲计划要求，2019 年 6 月、8 月共完成两次全员防冲培训，2019 年 9 月 17 日完成所有一线单位的防冲专项培训，并进行了考试；编制了矿井冲击地压专项应急预案，并组织了现场事故演练。

4.4 2019 年"8·2"冲击地压事故分析

4.4.1 事故工作面概况

唐山矿"8·2"事故发生地点为风井工业广场煤柱区 F5009 运料巷横管和 F5010 联络巷。

F5010 工作面位于新老风井工业广场煤柱，东部为 T2150 皮带巷，西部 3654 采空区，南部为 T2155、T2154、T2153、T2152 已采工作面，北部为 F5009 已采工作面及 F5009 运煤巷、运料巷；地面标高 +12.6 m ～ +16.6 m，为残采区配采工作面。F5010 联络巷设计长度 178 m，连接 F5010 风道、F5009

风道、F5009 溜子道、F5009 运煤巷 4 条巷道，用于行人、运输，巷道采用锚网支护，平均倾角 12°；2019 年 5 月 27 日从 F5010 工作面切眼开始往下延伸掘进至 F5010 联络横管上口拐点位置；6 月 18 日从开门点往下开工掘进（标高 -722.6 m），6 月 26 日贯通 F5009 风道（标高 -744 m），7 月 11 日贯通 F5009 溜子道（标高 -761 m），7 月 13 日贯通 F5009 运煤巷（标高 -761 m）。巷道沿 5S 顶板掘进，煤厚平均 2.6 m，倾角平均 17°；采用炮采综合机械化掘进和综采掘进施工工艺。

F5009 工作面位于新老风井工业广场煤柱，东部为 T2150 皮带巷，西部 3654 为采空区，南部为 F5010 待采工作面及 T2155、T2154、T2153、T2152 已采工作面，北部为 F5009 运煤巷、F5009 运料巷；地面标高 +12.6 ～ +16.6 m。F5009 风道绕道全长 110 m，采用锚网支护后加补金属拱形，平均倾角 11.5°。巷道于 2017 年 6 月掘进，与 F5009 风道连接点标高 -755.2 m（即 3654 风道开门点），与 F5009 运料巷连接点标高 -777.6 m；沿 5S 顶板掘进，煤厚平均 2.6 m，倾角平均 17°；采用炮采综合机械化掘进和综合机械化掘进施工工艺。

冲击地压发生于 F5010 联络巷与 F5009 风道绕道部分区域。F5010 联络巷 2019 年 6 月 18 日从开门点往下开工掘进（标高 -722.6 m），7 月 13 日与 F5009 运煤巷贯通（标高 -761 m），共施工 178 m，并采取了加固措施。事故发生时 F5010 联络巷（完毕日期 2019 年 7 月 13 日）与 F5009 风道绕道（2017 年 7 月 15 日掘进完成）均已施工完毕。

4.4.2　事故发生及抢险救援经过

据河北省地震台测定，8 月 2 日 12:24 唐山市路南区（北纬 39.6°，东经 118.2°）发生一次 2.0 级地震，距事故地点 3.6 km，路南区及周边有震感。

2019 年 8 月 2 日 12:38，唐山矿风井工业广场煤柱区 F5009 运料巷横管和 F5010 联络巷发生冲击地压，造成 7 人死亡。事故发生的区域位置如图 4 - 4 所示。

2019 年 8 月 2 日 12:38，矿调度室值班员张某明接到掘进四区六点班班长高某江汇报，发生冲击地压事故，要救护队赶紧下来。调度室接到井下事故汇报后，紧急组织矿救护中队 2 个小队共 23 名救护队员赶赴事故现场。随后开滦救护大队 33 人、唐山矿组织开拓区、准备区等职工 180 余人先后到达事故现场参与救援，累计投入 240 余人参加现场应急救援和现场应急处置工作。

8 月 2 日 13:01，救护队员到达事故区域 F5009 运煤巷与 F5010 联络巷交叉点处，探查并搜寻被困人员：现场发现 3 名受伤人员，带班队长藏某国立即安排 2 名队员分别对伤员进行处置。经核实在此区域作业人员 8 人被埋、1 人被困，5 受伤，其中 F5009 风道联络巷内 1 名人员被埋，F5010 联络巷内 7

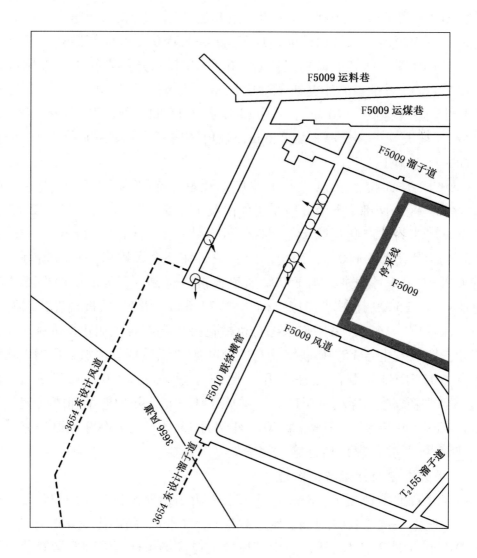

图 4 - 4 "8·2" 冲击地压现场情况平面图

名人员被埋，F5009 风道与 F5009 风道联络巷交叉口处 1 名人员被掘进机挤压。

　　现场应急救援指挥部根据勘查情况，综合分析冲击引发的大面积巷道破坏、顶板状态、设备设施堵塞巷道情况、现场通风条件、残余应力产生的动力灾害等因素，确定了：恢复通风，分 4 组由外向里搜救人员，分别由 F5009 风道联络巷两头、F5010 联络巷两头相向推进的救援方案，搜救被困人员。第一组由部分救护队员和掘四区员工组成，负责由 F5009 溜子道与 F5010 联络巷交叉口向上进行搜救；第二组由部分救护队员和掘四区员工组成，负责由 F5009 风道与 F5010 联络巷交叉口往下进行搜救；第三组由 1 名救护队员和掘四区员工组成，由 F5009 风道与 F5009 风道联络巷交叉口处向下搜救；第四组由掘进四区职工在 F5009 运煤巷与 F5009 风道联络巷交叉口往上清理搜救。其余人员以区科为单位成建制轮流替换，并组织进行恢复通风系统、抢险物资运输等其他辅助工作。

第一小组在 F5010 联络巷上山约 40 m 位置处发现已被掘四区自救人员救出来的被困人员，经检查无生命体征，组织运出并于 13:36 汇报调度室；13:40 许，在 F5010 联络巷上山约 45 m 处发现另一名被困人员，意识清醒，经过努力将遇险人员成功救出，生命体征良好，组织运出并于 13:45 左右汇报调度室；在 F5009 溜子道口往 F5010 联络巷上山 50 m 左右，发现一名被困人员，意识清醒，头部受伤并且下肢被埋，立即配合现场采区人员将其救出，经检查腿部无外伤，生命体征良好，组织人员运出并于 14:10 左右汇报调度室；在 F5009 溜子道口往 F5010 联络巷上山约 55 m 发现一名被困人员，立即组织人员将其救出，经检查无生命体征，组织人员运出，并于 15:12 汇报调度室；19:30 左右，F5010 联络巷内发现一名被困人员，开滦集团救护大队组织将其救出，经检查无生命体征，组织运出并于 20:05 汇报调度室。

第二小组 17:00 左右，在 F5009 风道与 F5010 联络巷交叉口往下 15 m 左右发现一名被困人员，将人救出后经查无生命体征，组织人员运出并于 17:12 汇报调度室；17:50 左右，在 F5009 风道与 F5010 联络巷交叉口往下 20 m 左右发现一名被困人员，将人救出后经查无生命体征，组织人员运出并于 18:08 汇报调度室。

第三小组到达 F5009 风道与 F5009 风道联络巷交叉口掘进机处，发现一名被掘进机挤埋压人员。救护队员马上用止血带为其止血并与现场救援人员一起将其救出，经检查后无生命体征，组织运出并于 14:08 汇报调度室。

第四小组 20:00 左右，在运料巷上山 50 m 左右发现一名被困人员，将人救出后经查无生命体征，组织运出并于 20:00 汇报调度室。

应急处置自 8 月 2 日 12:38 开始，至 20:05 结束，历时 7 h33 min，9 名被困人员被陆续发现并升井，其中 2 人获救，未发生次生灾害。

4.4.3 事故巷道破坏情况

事发巷道 F5009 风道横管沿 5 煤顶板掘进，采用锚杆、锚索网、金属拱形支架联合支护，断面 14 m²。F5010 联络巷亦为沿 5 煤顶板掘进，采用锚杆、锚索网联合支护，巷道断面 4.5 m×3.0 m。事故造成 F5010 联络巷巷道变形约 80 m，其中破坏严重范围 30 m。F5009 风道横管巷道破坏 80 m，巷道底鼓、两帮外鼓，视线内宽度挤压到不足 1.5 m。事故巷道现场破坏情况如图 4-5 所示。

图 4-5 事故巷道破坏情况

4.4.4 事故原因分析

1. 直接原因

（1）复杂的地质构造影响。唐山矿位于开平煤田西北翼西南端，井田内主要构造绝大部分平行于地层走向，构造复杂，由北向南依次排列着 F Ⅰ、F Ⅱ、F Ⅲ、F Ⅳ、F Ⅴ号主断层。此次事故所在的风井煤柱区位于井田内规模最大的南部边界断层 F Ⅴ附近。同时，该区域褶皱构造发育，除东部发育的 F Ⅲ号断层以南的主向、背斜外，向西部还发育有岭子倾伏背斜等一系列褶曲构造。这些主断层和主要褶曲构造不仅直接影响着唐山矿井田内的区域划分，多期的地质构造运动还使得该区域内部积聚了大量的构造应力。此次事故正处于褶曲轴部，为冲击地压的发生提供了应力条件。

（2）采场周边采空区的影响。唐山矿属于多煤层开采，开采历史悠久，煤系地层结构存在较多的老空区分布，周围采掘活动造成区域大范围应力升高；事故所处的风井煤柱区整体结构呈单面临空状态，事故地点毗邻本煤层不规则采空区附近，受多次开采扰动影响显著。随着本工作面采动应力、周边采空区残余采动应力与区域构造应力相互叠加，工作面煤体所受静载应力水平进一步增加，处于临界失稳状态，在外界动载扰动应力的影响下，诱发煤岩体冲击。

（3）煤岩冲击倾向性的影响。目前矿井主要开采的 5、8、9、12-1 煤层及顶板均具有冲击倾向性，为冲击地压的发生提供了物性条件。

2. 间接原因

（1）唐山矿作为传统的冲击地压矿井，在孤岛/类孤岛工作面开采过程中曾经多次发生过冲击地压显现。但矿方对于风井煤柱区的煤层开采未能较好地总结经验，以科学评估该区域冲击地压发生的风险程度，工作面未严格按照冲击危险工作面管理，导致事故发生时多人在现场作业。

（2）矿井的冲击危险监测设备不健全，工作面巷道的支护强度不足，巷道顶底板均未采取防冲卸压措施，员工冲击地压防范意识淡薄。

（3）根据唐山市应急管理局提供的地震监测资料，2019年1—7月，唐山矿区内先后发生3次天然地震，说明该区煤系地层活动频繁。本次冲击地压发生前后，矿区发生了Ms2.0级非天然地震，进一步说明该区煤系地层结构处于动态调整过程。

4.5 问题及解答：为什么半（孤）岛煤柱内进行采掘活动容易诱发冲击地压

唐山矿井田地质构造复杂，构造应力高。事故区域位于井田边界断层FV附近，构造应力高；事故区域处于5煤层短轴向斜构造轴部，局部构造应力集中；井田现开采深度实测最大水平应力（29.5~33.0）MPa，侧压系数1.38~1.60，属高地应力水平，如图4-6所示。

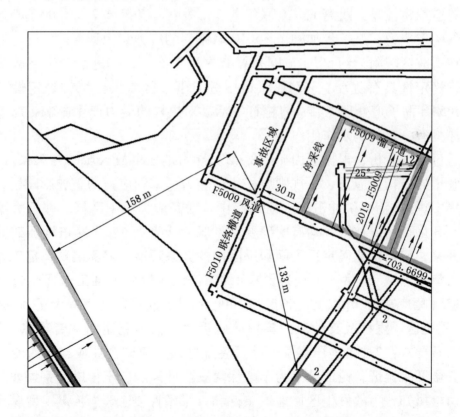

图4-6 唐山煤田顶板坚硬岩层等厚线与冲击地压事件分布示意图

开采的5煤层及其顶板岩层经鉴定具有弱冲击倾向性。事故区域开采深度近800 m，覆岩自重应力远超过煤的单轴抗压强度；5煤层顶板为坚硬细砂岩，厚达20 m以上，单轴抗压强度100 MPa以上；5煤层底板为砂质泥岩、细砂岩复合结构；F5010 联络巷和 F5009 运料巷横管周边断层发育，密度大，最大落差 2.5 m。

事故地点毗邻风井煤柱区边缘和铁二区 5、8、9 煤层不规则采空区附近，周边煤层群开采导致该区域应力多次叠加，应力高度集中；事故地点所处的风井煤柱区呈"半岛"形大煤柱，应力高度集中。

F5009 工作面开采结束后，周边巷道处于超前走向和倾向支承压力影响范围，事故区域受采煤工作面走向和倾向支承压力叠加影响，采动应力集中程度高。F5010 联络巷距 F5009 工作面停采线 32.7 m，受工作面超前支承压力影响，事故区域煤柱应力集中程度高；F5009 溜子道、F5009 风道形成的二次应力与 F5009 工作面超前支承压力叠加，事故区域煤柱应力集中程度进一步增加；俯斜开采导致上覆岩层载荷作用到事故区域煤柱，加大了事故区域煤柱应力集中；F5010 联络巷、F5009 运料巷横管走向与最大水平应力方向近于垂直，巷道稳定性差；距离 F5010 联络巷 5 m 发育 1 条落差 2.5 m 的正断层，存在局部构造应力，进一步加剧了 F5010 联络巷的应力集中程度。

在事故区域附近约 80 m 范围布置有掘进工作面，掘进活动对事故区域煤岩结构稳定性具有扰动。3654E 风道掘进对事故区域煤柱结构稳定性产生扰动，3654E 溜子道处理老巷、打锚杆等活动对煤柱的受力产生影响，对巷道失稳破坏具有一定的诱发作用。

通过上述分析，根据唐山矿"8·2"冲击地压事故区域的开采条件得知：事故巷道处于构造应力、不规则煤柱集中应力、采动应力的叠加影响区，应力高度集中。《防治煤矿冲击地压细则》中，对高应力集中区域、邻近大型地质构造、开采孤岛煤柱区等均有明确要求，第六十条要求："**冲击地压矿井同一煤层开采，应当优化确定采区间和采区内的开采顺序，避免出现孤岛工作面等高应力集中区域**"；第三十五条要求："**冲击地压煤层采掘工作面临近大型地质构造（幅度在 30 m 以上、长度在 1000 m 以上的褶曲，落差大于 20 m 的断层）、采空区、煤柱及其他应力集中区附近时，必须制定防冲专项措施**"；第三十二条要求："**冲击地压煤层开采孤岛煤柱前，煤矿企业应当组织专家进行防冲安全开采论证，论证结果为不能保障安全开采的，不得进行采掘作业**"。

由上可知，事故发生区域地质条件和开采条件复杂，"半岛"型煤柱区应力高度集中，因此，冲击地压矿井进行采区和工作面设计时必须满足防冲相关要求，对采区和工作面设计进行科学合理优化，从区域上进行应力优化，减缓冲击地压发生的应力条件。针对新建矿井和新采区，《防治煤矿冲击地压细则》第二十四条要求："**新建矿井和冲击地压矿井的新水平、新采区、新煤层有冲击地压危险的，必须编制防冲设计。防冲设计应当包括开拓方式、保护层**

的选择、巷道布置、工作面开采顺序、采煤方法、生产能力、支护形式、冲击危险性预测方法、冲击地压监测预警方法、防冲措施及效果检验方法、安全防护措施等内容。""新采区防冲设计还应当包括：采区内工作面采掘顺序设计、冲击地压危险区域与等级划分、基于防冲的回采巷道布置、上下山巷道位置、停采线位置等。"

事故发生区域巷道布置在煤层，由于巷道压力较大，巷帮围岩变形严重。所以对具有冲击危险的巷道，在支护设计时必须有防冲要求，巷道的一次支护必须有一定的抗冲击能力。《防治煤矿冲击地压细则》第八十三条要求："**冲击地压巷道严禁采用刚性支护，要根据冲击地压危险性进行支护设计，可采用抗冲击的锚杆（锚索）、可缩支架及高强度、抗冲击巷道液压支架等，提高巷道抗冲击能力。**"在实际工作中，这些规定要认真落实。

4.6　关于"8·2"冲击地压事故的思考与建议

4.6.1　思考

（1）复杂地质构造对冲击地压的影响。唐山矿井田地质构造复杂，对冲击地压的影响有：①唐山矿地处地震活动区，受新老地质构造的叠加影响，地应力高、分布复杂；②事故地点邻近 FV 井田边界断层落差大，在采掘扰动影响下，地层易于积聚大量能量，增大了构造应力及能量释放诱发冲击地压发生的危险；③事故地点靠近向斜轴部，且北部 50 m 为一落差为 10 m 的正断层，随着埋深增加煤岩层倾角逐渐变缓并形成上部倾角大、下部平缓的"铲式"结构，当煤岩层受外界动力扰动发生滑移时，断层的存在及褶曲构造对煤岩层滑移活动产生阻滞效应，应力及能量在"铲底"急剧增加，使冲击危险显著增大。

（2）上覆坚硬厚岩层对冲击地压的影响。根据唐山矿地层柱状图可以看出，事故巷道顶板为坚硬砂岩层，易积聚弹性能。同时，事故巷道埋深近 800 m，周边为不规则采空区，采空区上覆坚硬岩层部分垮落，而未开采区域的上覆坚硬岩层主要由风井工广煤柱支撑，造成区域煤柱应力集中，增大了冲击地压发生的危险。

（3）不合理采掘布置对冲击地压的影响。唐山矿事故巷道周边存在较多采空区，采掘区与采空区之间的煤柱宽度为 30~150 m。F5009 工作面的开采，形成了新的采空区。工作面超前和侧向支承压力与区域构造应力、风井工广煤柱集中应力叠加，形成更高应力的集中。同时，事故区域附近的掘进扰动对巷道失稳破坏具有诱发作用。这些因素都对冲击地压具有很大影响。

因此，煤矿针对工作面的采掘接续，应避免产生新的应力集中区。2019年，《国家煤矿安监局关于加强煤矿冲击地压防治工作的通知》（煤安监技装〔2019〕21 号）中第 3 条明确要求："**严格执行主动防冲措施。冲击地压矿井**

应当严格执行《煤矿安全规程》第二百三十一条关于巷道布置和采掘作业的规定，合理安排采掘接续。采深超过 **400 米的无冲击地压煤层的矿井，在煤层和工作面采掘顺序、巷道布置与支护、煤柱留设、采掘作业等设计时，应当避免应力集中，防止不合理开采导致冲击地压事故发生。"**

3654E 溜子道处理老巷、打锚杆等活动对煤柱的受力产生影响，对巷道失稳破坏具有一定的诱发作用。这些作业活动应参照掘进工作面来确定和相邻采掘工作面的距离关系，必须符合《国家煤矿安监局关于加强煤矿冲击地压防治工作的通知》（煤安监技装〔2019〕21 号）第 9 条：**"严格限制多工序平行作业。采动影响区域内严禁巷道扩修与回采平行作业。"**

4.6.2　建议

唐山矿"8·2"冲击地压事故造成 7 人遇难、5 人受伤。经过事故后调查分析总结，得出以下 7 点建议：

（1）坚持"区域先行、局部跟进、分区管理、分类防治"冲击地压防治原则，设置防冲机构，配齐防冲业务管理人员。

（2）建立健全防冲技术管理制度和岗位责任制，明晰职责。

（3）加强冲击危险性评价工作，科学划分冲击危险区域，编制防冲设计，合理安排开采顺序，科学留设煤岩柱，避免形成高应力集中区。

（4）建立健全冲击地压监测预警技术体系，科学确定适合本矿的冲击危险性临界指标，加强数据综合分析研判能力，提升预测、预判、预警水平。

（5）加强地质构造对冲击地压影响的研究。要加强对井田、区域构造应力对采掘活动影响的研究；加强厚层坚硬砂岩顶板对开采引起围岩应力场演化规律、矿压显现规律的研究；加强矿井冲击地压发生机理的研究，确定冲击地压发生类型和主控因素，为冲击地压监测与防治提供依据，采取针对性的防治措施。

（6）加强防冲安全教育培训工作。一是加强对冲击危险区的培训及管理，做到互相监督；二是开展冲击地压警示教育活动，强化防冲安全教育，提高职工防冲安全意识；三是加强冲击地压防治专业知识培训，提高对冲击地压的危险辨识能力；四是加强自救、互救知识培训，特别是加强矿工在长时间被困条件下的自救、互救知识，最大程度减少发生事故造成的伤亡。

（7）要吸取唐山矿"8·2"冲击地压事故当班作业人员较多的教训，严格控制作业人员，严格落实《防治煤矿冲击地压细则》第七十六条：**"人员进入冲击地压危险区域时必须严格执行'人员准入制度'。'人员准入制度'必须明确规定人员进入的时间、区域和人数，井下现场设立管理站。"**

5 龙家堡煤矿 "6·9" 冲击地压事故

5.1 事故概况

2019年6月9日19:48，吉煤集团辽源矿业公司龙家堡矿业有限责任公司（以下简称龙家堡煤矿）305综采工作面运输巷发生一起冲击地压事故，造成9人死亡，12人受伤，直接经济损失1907.07万元。

本次事故发生在305综采工作面运输巷0～220 m范围内，开采煤层及顶板均具有冲击倾向性；事故区域煤层埋深较大（854.4～978.4 m），自重应力高，并存在较高的构造应力；采掘活动造成开采区域大范围应力升高；原始地应力与采动应力叠加，使静载应力水平进一步上升；放顶煤采动诱发断层活化导致弹性能突然释放：这些因素的共同作用导致了本次冲击地压事故的发生。

经专家现场勘察、分析鉴定和事故调查认定，本起事故为冲击地压生产安全事故。本次冲击地压事故是由断层活化错动等自然因素为主导诱发的。

5.2 矿井概况

5.2.1 基本情况

龙家堡煤矿位于吉林省长春市空港经济开发区境内，南距长春市18 km，东距九台区36 km。煤矿隶属于辽源矿业有限责任公司，2005年11月组建，2009年7月11日正式投产，核定生产能力为300万t/a，2014年12月重新核定生产能力为270万t/a。2019年2月1日矿井进一步核减到210 t/a（吉能煤炭〔2019〕49号文件），实行"三八"制作业。2017年11月，煤矿经验收确定为一级安全生产标准化矿井。

井田面积16.71 km²，地质储量1.8079亿t，可采储量1.2245亿t。矿井水文地质类型为中等。龙家堡煤矿经鉴定属高瓦斯矿井，煤层为Ⅱ类自燃煤层，煤尘具有爆炸性。在-770 m水平进行冲击倾向性鉴定，Ⅱ、Ⅲ号煤层具有弱冲击倾向性，顶板具有弱冲击倾向性，底板无冲击倾向性，表明煤岩系统具备发生冲击地压的条件。煤矿采掘工程平面图如图5-1所示。

5.2.2 矿井生产系统

矿井采用立井单水平开拓，主井为箕斗提升兼排风，副井为罐笼提升兼进

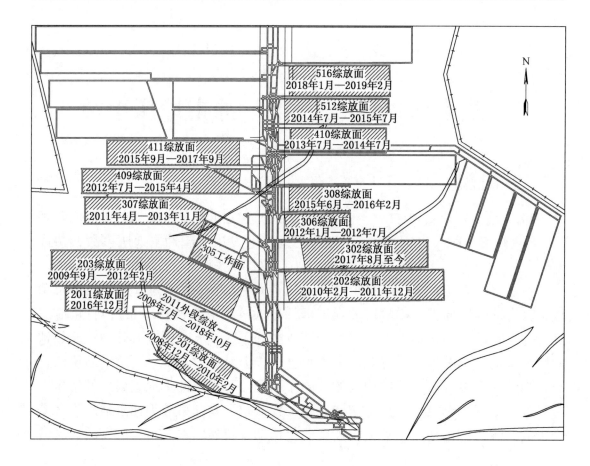

图 5 - 1　龙家堡煤矿采掘工程平面图

风，均为混凝土支护。井田划分为 9 个采区，现开采三采区。采煤方法为单一走向长壁后退式综采放顶煤开采，掘进方法为综合机械化掘进。冲击发生时，矿井有 2 个采煤工作面和 1 个准备工作面，即 302 综采工作面、305 综采工作面、513 外段准备工作面；5 个掘进工作面，即 618 回风巷、618 入风巷、412 入风巷、412 回风巷、515 外段运输巷。

（1）运输。主井采用 22 t 箕斗提升，兼作矿井回风井和安全出口；副井罐笼提升，提升容器为 1.5 t 矿车、双层 4 车罐笼，井筒内装备梯子间，兼作矿井进风井和安全出口。井下煤炭采用带式输送机运输。

（2）供电。矿井由双电源供电。地面变电所直接向井下中央变电所供两回路 10 kV 电源。中央变电所向 -203 m 变电所、-770 m 变电所、-880 m 变电所、-1010 m 变电所、暗井绞车、带式输送机供双回路电源。

（3）通风。矿井采用中央并列抽出式通风，副井进风，主井回风，地面设有 2 台对旋轴流式主要通风机，电动机功率为 2×900 kW，采掘工作面实现独立通风。

（4）各类系统。矿井地面设有 2 座 400 m³ 水池，井下设有黄泥灌浆站和注浆管路系统；地面设有注氮系统，配备 3 台 1000 m³/h 和 1 台 2000 m³/h 制氮机，向采煤工作面采空区注氮气；设有束管监测系统，监测分析采空区气体情况。矿井采取三段排水，井下设有 3 个排水泵房管路敷设到位，排水系统健全。井下设置防尘管路系统，每 100 m 设 1 组三通阀门。工作面进、回风巷各设 2 组水幕，采煤机、掘进机和各运煤转载点设有喷雾，每班有专人对回风巷道进行洒水灭尘，定期冲洗巷道。

5.3　龙家堡煤矿冲击地压情况

5.3.1　冲击地压事故情况

龙家堡煤矿属深部开采矿井。事故发生时平均开采深度为 800 m，远大于发生冲击地压的临界深度。该矿井在掘进 201 首采工作面顺槽时，出现了冲击地压现象，煤炮频发，最多时达到每小班 60~70 次。煤炮发生时经常有煤壁片帮、塌落、掉渣、顶板下沉等现象发生，塌落最大煤量达 20~30 t，几乎将掘进机埋住，最大顶板下沉量为 800 mm 左右。这给掘进工作带来严重影响，无法使用机掘，只能采用炮掘，掘进速度由原来设计的每班 6 m 降低到每班 2 m。

自 2013 年以来，煤矿共统计发生 10^7 J 以上冲击地压事件 121 次，分布如图 5-2 所示。历年高能量微震事件统计见表 5-1。

表 5-1　龙家堡煤矿高能量微震事件统计表

序号	时　间	工作面	能　量	震级 MS	震级 ML
1	2013-08-22　2:39	307	3.00×10^7	1.30	2.10
2	2013-11-22　21:31	409	7.00×10^7	1.47	2.26
3	2013-12-01　5:40	409	2.00×10^7	1.22	2.03
4	2014-01-26　0:13	409	1.00×10^7	1.08	1.91
5	2014-01-27　22:26	307	2.00×10^8	1.68	2.44
6	2014-01-27　22:29	409	1.00×10^7	1.08	1.91
7	2014-02-06　15:29	409	1.00×10^8	1.54	2.32
8	2014-02-06　15:43	409	3.00×10^7	1.30	2.10
9	2014-02-12　3:50	409	5.00×10^7	1.40	2.20
10	2014-02-13　2:12	307	5.00×10^7	1.40	2.20
11	2014-02-13　2:08	307	5.00×10^7	1.40	2.20

表 5 - 1（续）

序号	时　间	工作面	能　量	震级 MS	震级 ML
12	2014 - 02 - 16　12:37	409	4.00×10^7	1.36	2.16
13	2014 - 02 - 17　5:28	409	5.00×10^7	1.40	2.20
14	2014 - 02 - 17　15:06	307	3.00×10^7	1.30	2.10
15	2014 - 02 - 19　21:15	409	6.00×10^7	1.44	2.23
16	2014 - 02 - 20　4:19	409	7.00×10^7	1.47	2.26
17	2014 - 02 - 22　3:26	409	2.00×10^7	1.22	2.03
18	2014 - 02 - 25　3:51	409	4.00×10^7	1.36	2.16
19	2014 - 02 - 28　19:03	409	1.00×10^7	1.08	1.91
20	2014 - 03 - 26　4:02	410	1.00×10^7	1.08	1.91
21	2014 - 04 - 09　15:42	410	1.00×10^7	1.08	1.91
22	2014 - 04 - 23　7:01	307	1.00×10^7	1.08	1.91
23	2014 - 05 - 10　5:19	409	1.00×10^8	1.54	2.32
24	2014 - 05 - 13　15:40	409	1.00×10^7	1.08	1.91
25	2014 - 05 - 15　4:35	409	4.00×10^7	1.36	2.16
26	2014 - 05 - 18　16:05	409	1.00×10^7	1.08	1.91
27	2014 - 05 - 19　13:11	409	6.00×10^7	1.44	2.23
28	2014 - 05 - 20　22:08	409	1.00×10^8	1.54	2.32
29	2014 - 06 - 03　17:52	409	2.00×10^7	1.22	2.03
30	2014 - 06 - 11　6:39	409	1.00×10^7	1.08	1.91
31	2014 - 07 - 27　17:09	203	3.00×10^8	1.76	2.51
32	2014 - 08 - 22　6:20	411	4.00×10^7	1.36	2.16
33	2014 - 08 - 26　1:56	409	1.00×10^7	1.08	1.91
34	2014 - 09 - 03　16:45	307	3.00×10^8	1.76	2.51
35	2014 - 09 - 10　17:43	409	2.00×10^7	1.22	2.03
36	2014 - 09 - 16　8:41	409	3.00×10^7	1.30	2.10
37	2014 - 09 - 22　3:35	307	1.00×10^7	1.08	1.91
38	2014 - 09 - 23　12:03	306	2.00×10^7	1.22	2.03
39	2014 - 10 - 19　10:40	411	1.00×10^7	1.08	1.91
40	2014 - 10 - 25　15:22	411	4.00×10^7	1.36	2.16
41	2014 - 10 - 26　18:43	409	5.00×10^7	1.40	2.20
42	2014 - 10 - 28　0:03	409	8.00×10^7	1.50	2.28
43	2014 - 10 - 29　13:43	411	1.00×10^7	1.08	1.91
44	2014 - 10 - 30　2:17	411	8.00×10^7	1.50	2.28
45	2014 - 10 - 31　12:54	411	2.00×10^7	1.22	2.03

表 5 – 1（续）

序号	时　间	工作面	能　量	震级 MS	震级 ML
46	2014 – 11 – 02　12:47	409	1.00×10^7	1.08	1.91
47	2014 – 11 – 04　22:06	411	2.00×10^8	1.68	2.44
48	2014 – 12 – 11　6:02	409	2.00×10^7	1.22	2.03
49	2014 – 12 – 25　2:16	411	1.00×10^7	1.08	1.91
50	2015 – 01 – 13　23:26	409	8.00×10^7	1.50	2.28
51	2015 – 02 – 07　9:48	411	3.00×10^7	1.30	2.10
52	2015 – 02 – 27　23:29	308	3.00×10^7	1.30	2.10
53	2015 – 03 – 19　22:33	409	2.00×10^7	1.22	2.03
54	2015 – 03 – 20　3:32	409	1.00×10^7	1.08	1.91
55	2015 – 03 – 21　23:21	409	3.00×10^7	1.30	2.10
56	2015 – 03 – 25　12:31	411	1.00×10^7	1.08	1.91
57	2015 – 03 – 27　23:19	409	3.00×10^7	1.30	2.10
58	2015 – 03 – 28　23:25	409	2.00×10^7	1.22	2.03
59	2015 – 04 – 13　2:13	409	4.00×10^7	1.36	2.16
60	2015 – 04 – 26　16:50	409	2.00×10^7	1.22	2.03
61	2015 – 04 – 27　20:23	308	2.00×10^7	1.22	2.03
62	2015 – 05 – 22　15:28	410	5.00×10^7	1.40	2.20
63	2015 – 05 – 24　9:00	409	2.00×10^8	1.68	2.44
64	2015 – 06 – 04　11:57	411	1.00×10^7	1.08	1.91
65	2015 – 07 – 07　6:34	512	4.00×10^7	1.36	2.16
66	2015 – 07 – 11　10:08	512	2.00×10^7	1.22	2.03
67	2015 – 07 – 16　16:17	411	1.00×10^7	1.08	1.91
68	2015 – 07 – 26　20:16	411	1.00×10^8	1.54	2.32
69	2015 – 08 – 08　13:18	409	1.00×10^7	1.08	1.91
70	2015 – 08 – 29　1:49	307	5.00×10^7	1.40	2.20
71	2015 – 09 – 06　11:24	307	4.90×10^7	1.40	2.19
72	2015 – 09 – 21　22:38	411	1.00×10^7	1.08	1.91
73	2015 – 10 – 05　22:59	409	3.00×10^7	1.30	2.10
74	2015 – 10 – 13　0:22	411	2.00×10^7	1.22	2.03
75	2015 – 10 – 26　10:50	411	2.00×10^7	1.22	2.03
76	2015 – 10 – 27　15:37	308	4.00×10^7	1.36	2.16
77	2015 – 10 – 28　12:33	411	3.00×10^7	1.30	2.10
78	2015 – 10 – 29　21:42	411	3.00×10^7	1.30	2.10
79	2015 – 11 – 09　19:13	411	2.05×10^7	1.22	2.04

表 5 – 1（续）

序号	时　间	工作面	能　量	震级 MS	震级 ML
80	2015 – 11 – 11　6:34	308	3.36×10^7	1.32	2.12
81	2015 – 11 – 17　20:01	308	2.53×10^7	1.26	2.07
82	2015 – 11 – 21　19:50	308	1.22×10^7	1.12	1.95
83	2015 – 11 – 23　14:44	308	2.67×10^7	1.28	2.08
84	2015 – 11 – 28　6:29	308	2.28×10^7	1.24	2.06
85	2015 – 12 – 04　23:00	308	2.83×10^7	1.29	2.09
86	2015 – 12 – 11　0:23	308	1.29×10^7	1.13	1.96
87	2015 – 12 – 18　19:45	308	2.06×10^7	1.22	2.04
88	2015 – 12 – 23　14:55	411	1.08×10^8	1.56	2.33
89	2015 – 12 – 25　13:51	308	1.03×10^7	1.08	1.91
90	2016 – 01 – 03　3:54	308	1.22×10^7	1.12	1.95
91	2016 – 01 – 04　5:31	411	4.50×10^7	1.38	2.18
92	2016 – 01 – 20　14:35	411	4.49×10^7	1.38	2.18
93	2016 – 01 – 29　2:30	308	4.12×10^7	1.36	2.16
94	2016 – 02 – 15　0:11	411	8.70×10^7	1.51	2.29
95	2016 – 02 – 27　8:03	411	3.19×10^7	1.31	2.12
96	2016 – 03 – 04　7:59	411	5.17×10^7	1.41	2.20
97	2016 – 05 – 06　7:09	411	2.02×10^7	1.22	2.03
98	2016 – 08 – 12　0:06	411	4.89×10^7	1.40	2.19
99	2016 – 08 – 27　15:11	411	4.32×10^7	1.37	2.17
100	2016 – 09 – 12　0:46	411	1.22×10^7	1.12	1.95
101	2016 – 09 – 29　1:05	411	2.29×10^7	1.24	2.06
102	2016 – 10 – 28　5:37	411	1.20×10^7	1.12	1.94
103	2016 – 11 – 03　5:40	411	1.24×10^7	1.12	1.95
104	2016 – 12 – 09　4:43	411	1.03×10^7	1.09	1.92
105	2016 – 12 – 16　20:56	411	1.47×10^7	1.16	1.98
106	2017 – 01 – 13　8:28	411	1.40×10^7	1.15	1.97
107	2017 – 01 – 19　2:52	411	1.12×10^7	1.10	1.93
108	2017 – 02 – 21　21:19	411	1.11×10^7	1.10	1.93
109	2017 – 03 – 25　22:08	411	1.03×10^7	1.08	1.92
110	2017 – 04 – 27　3:09	411	1.14×10^7	1.10	1.93
111	2017 – 05 – 09　12:01	516	1.12×10^7	1.10	1.93
112	2017 – 05 – 18　18:02	516	1.14×10^7	1.11	1.93
113	2017 – 05 – 23　14:44	411	1.48×10^7	1.16	1.98

表 5 - 1（续）

序号	时　间	工作面	能　量	震级 MS	震级 ML
114	2017 - 05 - 26 22:33	411	1.23×10^7	1.12	1.95
115	2017 - 07 - 16 20:47	411	1.51×10^7	1.16	1.98
116	2017 - 08 - 01 13:18	411	1.05×10^7	1.09	1.92
117	2017 - 08 - 04 8:39	411	1.05×10^7	1.09	1.92
118	2017 - 11 - 18 10:36	302	1.06×10^7	1.09	1.92
119	2019 - 02 - 20 11:20	305	1.16×10^7	1.11	1.94
120	2019 - 06 - 09 19:48	305	1.55×10^8	1.63	2.40
121	2019 - 06 - 09 20:01	305	1.17×10^7	1.11	1.94

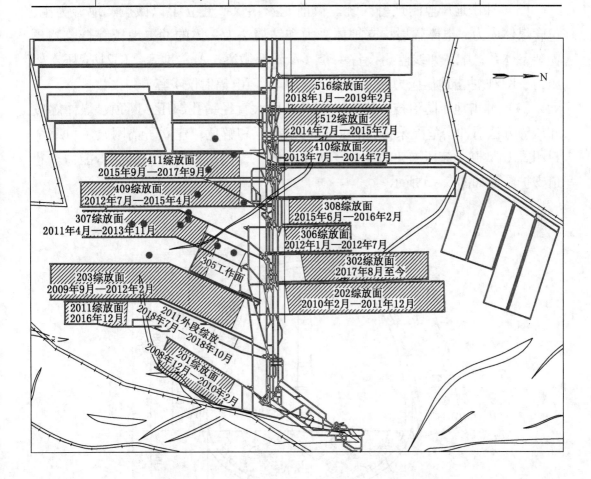

图 5 - 2　龙家堡煤矿高能量微震事件分布平面图

5.3.2　冲击地压防治情况

　　龙家堡煤矿的冲击地压防治工作主要是建立并完善了冲击地压防治体系，具体包括：

（1）防冲机构及队伍建设。龙家堡煤矿建立了以经理（矿长）为组长，总工程师，生产、开拓掘进、安全、机电副经理（副矿长），安全监察处处长，地测、通风、机电、安全副总工程师为副组长，单位（部室）为成员的矿井冲击地压防治领导机构，设置了专职防冲副总工程师，下设冲击地压综合治理办公室，办公室设在防冲科；组建了冲击地压防治专门机构及专职防冲队伍，其中防冲科 18 人，防冲队 75 人。

（2）冲击危险性评价及防冲设计。2013 年 7 月—2016 年 9 月，辽宁工程技术大学、天科科技股份有限公司先后对龙家堡煤矿开采煤层及其顶底板进行了冲击倾向性鉴定及冲击危险性评价工作。龙家堡煤矿整体评价为中等冲击地压矿井。

（3）冲击地压监测预警系统。目前龙家堡煤矿建立了以微震、地音为主，包含煤体应力、电磁辐射、支护体受力和钻屑法为一体的冲击地压综合监测预警装备体系；配备在线监测设备 4 套（Aramis 微震、Ares 地音、KJ21 液压支架压力、KJ21 冲击地压应力）及便携式 YDD16 声电辐射仪 4 套。

（4）冲击地压防治技术措施。矿井采取大直径钻孔卸压、断顶、煤体爆破卸压等方法对冲击危险采掘工作面进行预卸压和解危；建立了锚网索 + 可缩全封闭式 U 型棚 + 液压支架为主的 3 级支护体系，提高了巷道的抗冲击能力。巷道支护断面如图 5 - 3 所示。

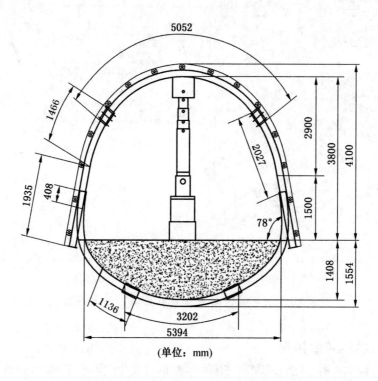

（单位：mm）

图 5 - 3　巷道支护断面图

5.4 2019 年 "6·9" 冲击地压事故分析

5.4.1 事故工作面概况

305 综采工作面位于矿井三采区南翼 – 630 ~ – 770 m 水平。开采深度为 854.4 ~ 978.4 m。地质储量 171.29 万 t，可采储量 143.62 万 t。开采的Ⅱ、Ⅲ号煤层平均厚度 10 m，倾角 18°，设计倾向长度 275 m，走向长度 445 m（设计回采长度 285 m），事故发生时已回采 85 m。该工作面于 2019 年 3 月 20 日经验收投产，采用单一长壁综合机械化放顶煤开采方式。

1. 断层构造情况

305 综采工作面区域内 F13 断层构造对回采影响较大，揭露断层情况如图 5 – 4 所示，并见表 5 – 2。

表 5 – 2 实际揭露断层情况

断层名称	断层性质	断层产状		距开口位置/m	方位/(°)	备注
		落差/m				
		最大	最小			
F13	正	6	2	464 ~ 477	156	运输巷开口
				75 ~ 80		运输巷开口
K1	正	2	2	80 ~ 92	156	运输巷开口

2. 煤层顶底板性质

本区煤层属矿井Ⅱ、Ⅲ煤层，为稳定的主采煤层，走向北东 15° ~ 45°，煤层层理发育，节理较发育。煤层为复杂结构，含 4 层夹矸，夹矸厚 0.2 ~ 0.6 m，岩性为泥岩、炭质泥岩和粉砂岩。

煤层伪顶为炭质泥岩，厚 0.3 m，较软易冒落；直接顶为泥岩，厚 5 ~ 30 m，从南至北逐渐变厚，层理较发育，块状构造，夹薄层白色砂岩，性脆较易冒落；基本顶为凝灰岩及砾岩，凝灰岩质纯较脆，致密块状，砾岩以凝灰岩为主，含少量泥岩岩砾，砾径 3 ~ 35 mm，磨圆度较差，基底式凝灰质胶结，坚硬。煤层底板为角砾岩，灰至灰白色，以凝灰岩砾为主，灰黑色泥岩次之，局部夹煤线，砾径 5 ~ 15 mm，凝灰质胶结较硬。

5.4.2 事故工作面冲击地压防治情况

1. 冲击危险性评价及冲击危险区划分

煤矿根据综合指数法对 305 综采工作面回采期间的冲击危险性综合地质因

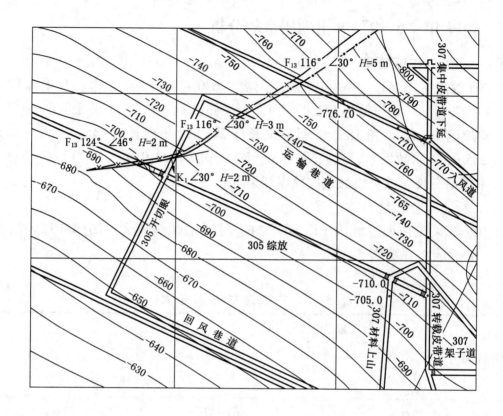

图 5-4　区域构造与工作面布置平面图

素与开采因素进行评价，选择危险等级最高的作为最终的冲击危险评价指数，评价结果为中等冲击危险，见表 5-3。

表 5-3　冲击危险性评价结果

考 察 类 别	评 价 结 果
地质因素冲击地压危险指数	0.71
开采因素冲击地压危险指数	0.71
冲击地压危险性综合指数	0.71
冲击危险等级	中等冲击危险

　　煤矿根据综合指数法与震波 CT 探测评价结果划定了最终工作面回采期间的冲击危险区。其中强冲击危险区域 3 个，中等冲击危险区域 3 个，见表 5-4。

表5-4 305综采工作面回采期间冲击危险区域

序 号	位置/m（距巷口距离）	冲击危险等级
1	运输巷（100~500）	强
2	开切眼（0~280）	强
3	回风巷（50~135）	强
4	运输巷（0~100）	中等
5	回风巷（0~50）	中等
6	回风巷（135~470）	中等

本次事故发生在305综采工作面运输巷85~305 m范围内，根据上述分析属于强冲击危险区域。

2. 冲击地压监测方法

工作面在掘进和回采期间，分别安装了微震、地音、支架压力、煤体应力在线监测系统，实现24 h实时在线监测，并进行人工便携式YDD16电磁辐射监测仪监测，回采前进行了CT探测。其中，全矿井共布置17台拾震器，其中305两巷各布置2台，对微震事件能量、频次及分布位置进行监测，判断潜在矿山动力（冲击地压）灾害活动规律；地音监测系统包括16个监测探头，回采前在305回风巷和运输巷各布设2个地音监测探头，两探头间距80 m；在工作面及运输巷安装支架压力监测系统，工作面共安装5块支架压力仪，运输巷防冲支架安装了3块支架压力仪，进行实时在线监测；在两巷回采帮超前工作面30~290 m范围进行煤体应力监测，运输巷布置7组监测站，回风巷布置10组监测站，每30 m布置一组，每组为9 m深和15 m深各一个孔，孔径45~48 mm，组内测点间距1 m。两巷共设计安装了34台传感器。

煤矿在采掘过程中采用微震监测系统、地音监测系统、钻孔应力监测法、钻屑法和电磁辐射监测法对其危险性进一步进行效果检验，判定是否已解除冲击地压危险。

3. 卸压解危措施

（1）大直径卸压钻孔。矿井采用煤层大直径钻孔卸压为主、爆破卸压为辅的措施。卸压钻孔孔径153 mm，孔深20~30 m，间距1.0 m。运输巷掘进期间，迎头钻孔卸压采取掘4卸2和掘2卸1的措施，即掘进4个班卸压2个班和掘进2个班卸压1个班两种时间组合搭配，保证充分的卸压时间。

（2）断顶措施。对于回风巷，初步确定在走向及倾向方向设计钻孔，分别达到处理工作面超前及巷道侧向悬顶的目的，在回风巷每30 m布置一个钻场，每个钻场布置2个钻孔，另外每30 m内补充2个钻孔，间距10 m。

（3）效果检验。当监测区域或作业地点监测数据超过冲击地压危险预警临界指标时，采取卸压解危措施，解危后进行效果检验，确保危险解除后方可继续作业。该区域采用煤层爆破卸压措施进行解危处理。

（4）支护方式。两巷道采用锚杆＋锚索＋网＋U型棚＋喷浆的联合支护方式，应力集中区域采用锚网索＋U型棚全封闭式"O"型支护，如图5-5所示。全巷道采用防冲液压支架（ZD6400/27/42G）进行加强支护。

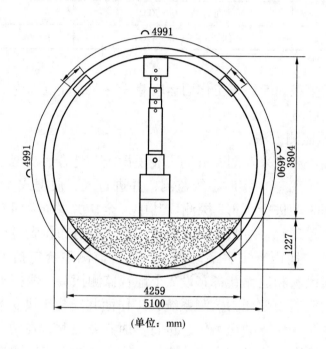

（单位：mm）

图5-5　应力集中区域全封闭支护断面

（5）人员防护与管理制度。回采期间，305综采工作面所有进入人员必须穿防冲服，戴防冲帽。两巷道生产班执行封闭式管理，运输巷除转载机司机、皮带尾司机以外严禁任何人进入，两巷道门口设警戒设施。防冲管理站设在无冲击地压危险区域，严格控制人员进入。交接班人员必须在工作面以外交接班，接班人员从回风巷进出工作面。

5.4.3 "6·9"冲击地压事故经过

1. 具体过程

2019年6月9日三班，305综采工作面区域有采煤作业、巷道拉底作业、消火注浆作业及运送防冲支架等工作。

305综采工作面区域内作业31人，其中综采一区18人，综掘三区6人、消火区4人、皮带区1人、通风区瓦斯检查员2人，于16：40入井，17：30左右陆续到达 305 综采工作面各作业地点。运输巷有作业人员 19 人（其中清理浮煤 1 人，拉底作业 6 人，转载机司机 1 人，皮带机司机 1 人，瓦检员 1 人，装运防冲支架 5 人，消火注浆 4 人）；工作面有 11 人（其中处理旧巷金属网 4 人，4 号支架内 2 人，采煤机附近 2 人，端头支架位置 3 人）；回风巷瓦检员 1 人。19:48 许，综采一区主任工程师在检查工作面下隅角附近顶板情况时，被运输巷冲出的一股气浪冲倒，苏醒后，意识到发生事故，沿运输巷向外爬行约 180 m，之后步行至设备列车处，约 20:30，打电话向调度报告。

2. 事故现场情况

305 综采工作面向外运输巷破坏长度共计 220 m，其中严重破坏段 170 m。具体情况如下：

（1）从 305 综采工作面运输巷口向内 0~140 号测点（测点编号自运输巷口开始为 0，每两个编号之间距离为 1 m，0~140 号测点即 0~140 m）范围未受冲击地压影响。

（2）从 305 综采工作面运输巷口向内 141~187 号测点范围的 48 m 巷道为冲击破坏段。巷道破坏主要表现是：U 型棚支架变形，架间顶板出现明显台阶下沉，巷道顶板出现明显下沉，两帮收敛。

（3）从 305 综采工作面运输巷口向内 188~360 号测点范围的 172 m 巷道为强烈冲击段。自 188~215 号测点，段内防冲支架出现倾倒、立柱不同程度压弯现象；巷道顶板下沉、两帮收缩变形严重，底板出现整体底鼓，底鼓量 300~500 mm 不等，如图 5-6 所示。

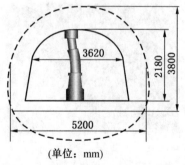

图 5-6 189 号测点巷道、防冲支架变形照片及断面素描

自 216 号测点开始，出现防冲支架活柱弯折、压断现象，U 型钢可缩支架压弯、变形严重；巷道顶板下沉、两帮收缩变形严重，底板出现整体底鼓，底鼓量 800~1000 mm 不等，如图 5-7~图 5-9 所示。

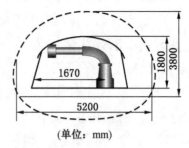

图 5 - 7 262 号测点巷道、防冲支架压弯照片及断面素描

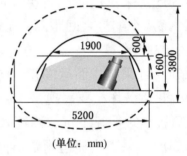

图 5 - 8 312 号测点底鼓照片及断面素描

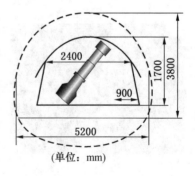

图 5 - 9 330 号测点防冲支架倾倒、断面收缩照片及断面素描

3. 事故微震记录与破坏程度分区

根据微震监测数据分析，事故共发生两次高能量微震事件：即分别于 2019 年 6 月 9 日 19:48:28 和 20:01:11 监测到的两次能量分别为 1.8×10^8 J、1.17×10^6 J 的震动事件。事件坐标分别为（X：70575，Y：73360，Z：

−718)、(X：70531，Y：73435，Z：−771)。微震事件位于巷道破坏强烈区域内，其微震波形图分别如图 5 – 10 和图 5 – 11 所示。总体上看，冲击事故发生后 305 综采工作面及运输、回风巷变形破坏的分区分布特征如图 5 – 12 所示。其中工作面运输巷破坏长度共计 220 m，严重破坏段 172 m。

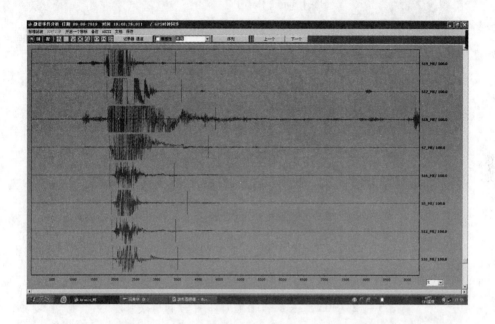

图 5 – 10　19:48 微震事件波形图（包含通道 s5、s7、s10、s12、s16、s17、s18、s19）

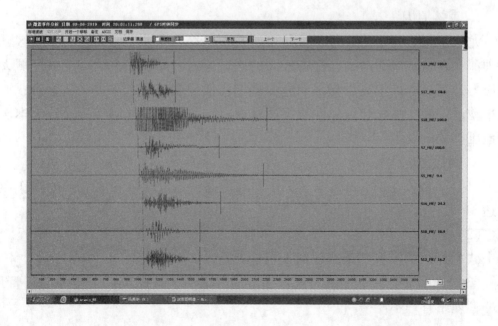

图 5 – 11　20:01 微震事件波形图（包含通道 s5、s7、s10、s12、s16、s17、s18、s19）

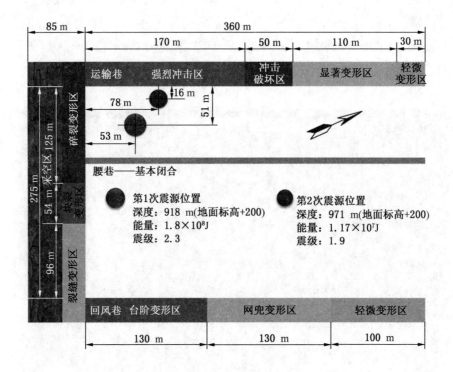

图 5-12　305 综采工作面微震事件与巷道破坏分区

5.4.4　事故原因分析

1. 直接原因

龙家堡煤矿开采的Ⅱ号、Ⅲ号煤层及顶板均具有冲击倾向性；事故区域煤层埋深大，自重应力高，并存在较高的构造应力；周围采掘活动造成区域大范围应力升高；原始地应力与采动应力叠加，使静载应力水平进一步上升；放顶煤采动诱发断层活化导致弹性能突然释放：这些因素的共同作用导致了本次冲击地压事故的发生。

2. 间接原因

（1）事故发生时，305 综采工作面及两巷冲击危险区超前支护范围作业人员达 31 人。

（2）违反《防治煤矿冲击地压细则》和 305 综采工作面《作业规程》批复中"生产班两顺槽严禁有任何人员作业逗留"的规定。

（3）未明确防冲管理站对进入冲击危险区域人数的统计上报和监督管理，防冲管理站管理不严格。

5.5　问题与解答：为什么采掘工作面临近大型地质构造容易诱发冲击地压

1. 龙家堡煤矿冲击地压发生特点

通过分析龙家堡断层冲击地压现象与冲击地压事故可以看到，龙家堡煤矿冲击地压的发生特点具体表现有：

（1）冲击地压释放能量巨大。一般可达 10^6 J 以上，部分事件甚至超过 10^9 J，通过对事件波形特征的分析表明，其震动时间长、震荡次数多、频率低、携带能量大，传到地面后能激起很强的面波，引起强烈的地表震动（矿震）。

（2）高能微震事件具有典型的丛集现象（图 5 – 13）。根据微震监测结果表明（410 初采和 306 末采期间）：该矿大部分的破坏性冲击地压都发生在断层显著影响区域，且只要在断层附近发生过冲击地压，就有再次甚至多次发生冲击地压的可能。

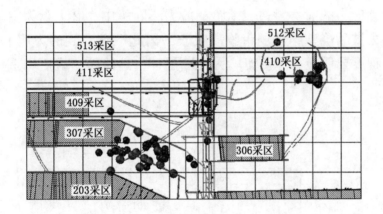

图 5 – 13　断层区域高能事件的丛集现象

（3）断层冲击地压的微震序列具有两种常见模式，即前震 – 主震型和主震 – 余震型。主震能量可达到或接近 10^8 J，前震和余震则达到 10^6 J，时间间隔一般不超过 24 h，如图 5 – 14 所示。2013 年 11 月 22 日 411 下巷冲击地压发生前后 24 h 内都有高能冲击事件发生。这些事件发生时地表均具有明显震感，且由于震动机理类似，主震和前震（余震）大都具有相似的波形特征。

（4）断层冲击地压具有明显的上盘效应，即断层上盘发生冲击地压的频度和强度明显大于下盘。例如，409 工作面回采期间的 S_4 断层自 2013 年 10 月 10 日恢复生产以来，发生断层活化冲击事件 16 次。根据 ARAMIS M/E 微震系

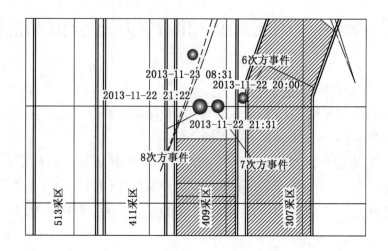

图 5-14　断层冲击地压的微震时序特征

统定位结果，冲击震源绝大多数位于 S_4 断层上盘。其原因主要有两方面：①409 工作面由上盘向下盘推进，在工作面推进过程中，断层破碎带的低应力区阻碍了采动应力的前移，造成上盘的应力不断集中；②上盘为主动盘，上盘的滑动摩擦力被断层破碎软弱带物质吸收，因此下盘受到的力比上盘小得多，故上盘活化程度要明显大于下盘，因此断层冲击地压防治应更侧重上盘，如图 5-15 所示。

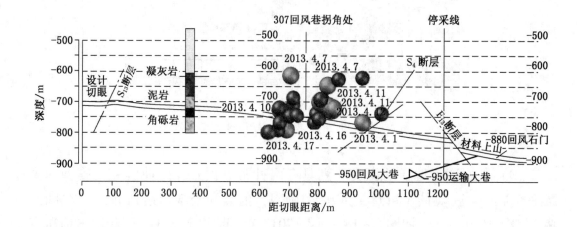

图 5-15　断层冲击地压的上盘效应

（5）断层冲击地压在掘进和回采期间都有可能发生，掘进期间的冲击异常区域往往也是回采期间冲击地压的高发区。本次冲击地压发生在 F_{13} 断层影响区域，掘进期间，运输巷掘进临近 F_{13} 断层时，高能事件发生的强度和频度急剧增加，动力显现异常剧烈，在掘进迎头距 F_{13} 断层约 50 m 处时，迎头炸帮、矿震频繁导致运输巷不得不停止掘进，在实施约一个月的集中卸压后才恢复施工。

（6）并不一定只有逆断层才会发生断层冲击，在深部开采条件下，正断层也容易发生断层冲击，尤其在断层尖灭处。龙家堡煤矿、新巨龙煤矿等都是正断层，而且正断层诱发的冲击地压也具有极大的破坏性。相关机理还需要深入研究。

2. 问题的解答

对于龙家堡煤矿的冲击地压进一步分析认为：采掘工作面临近断层等大型地质构造时容易诱发冲击地压，有以下 4 点原因。当然，这取决于原岩应力的大小和方向。

（1）区域地质构造作用与原岩应力。中国东部地区的应力场力源主要来自于太平洋板块向西部欧亚大陆俯冲和菲律宾板块向北西朝欧亚大陆俯冲的联合作用。现代构造应力场的主体特征表现为北东东—南西西方向的挤压，与相邻板块俯冲的方向大体一致。其中，华北—东北地区的最大主应力方向以北东东—南西西方向为主导，整体表现为压缩应力场。

郯庐断裂系的北延（东北部分）性质及形成机制是东北东部重大基础地质的重要控制因素。龙家堡煤矿属于中国东部应力区 A（一级区）→东北 - 华北应力区 A1（二级区）→东北应力区 A11（三级区）→东北平原应力区 A110（四级区），板块构造运动强大而连续的挤压作用是控制区域内构造应力场的决定因素。

（2）矿区地质构造活动情况。从煤层上覆岩层力学性质来看，305 工作面开采煤层上覆有一层厚度达 40 m 以上的凝灰岩，距煤层顶板 30~40 m，如图 5 - 16 所示。凝灰岩是一种火山碎屑岩，其成分主要是火山灰，龙家堡煤矿覆岩中的凝灰岩胶结致密，质地坚硬，对冲击地压事故的发生也起到了一定的控制作用。凝灰岩的存在也反映出矿区所在位置地质构造运动活跃。

（3）矿井地质构造条件。龙家堡煤矿 305 工作面实见或预测落差大于三分之二采高断层向工作面内部发展变化。本区地质条件较为复杂，断层构造对回采影响较大，回采过程中应及时调整工作面推进坡度。其中在 305 工作面内 F_{13} 断层落差 2~3 m，虽然断层落差不大，但该断层在井田范围内延伸长度可达 600 m，其对井田应力环境的影响不容忽视。

（4）断层影响下的数值模拟结果。以龙家堡煤矿的断层为例，通过建立不同开采深度断层影响分析模型，分析大型地质构造对冲击地压的影响，模型中包含 F_{25} 和 F_{18} 两条断层，如图 5 - 17 所示。由图可见，特别是在深部开采时，断层对应力的控制作用更加明显。

层次	累计深度/m	层厚/m	岩心长度/m	层采取率/%	倾角/(°)	真厚	累计真厚	岩石名称	描述	柱状
175	917.1	49.1	43.55	88				凝灰岩	灰绿色，胶结致密，平整断口，下部颗粒变粗，坚硬，含少量云母粒	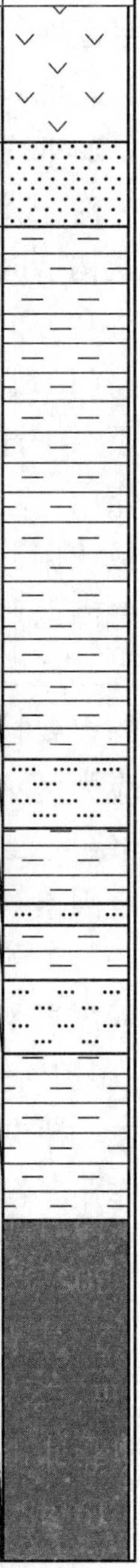
176	920	2.9	1.4	48				凝灰质粗砂岩	灰白色，坚硬，钙质胶结，以凝灰岩成分为主	
177	937.85	17.85	17.85	99				泥岩	绿灰色，水平层理发育，见有植物叶化石，局部片状	
178	940.25	2.4	2	83				粉砂岩	浅绿灰色，均一结构，凝灰质成分胶结	
179	942.75	2.5	2.5	100				泥岩	深灰色，呈薄片状，含植物碎片，底部0.10 m细砂岩	
180	943.45	943.5	0.7	0				细砂岩	灰白色，具线状水平层理	
181	945.25	1.8	1.8	100				泥岩	灰黑色，水平层理发育，薄片状结构，底部含凝灰质成分	
182	947.75	947.8	2.2	0				细砂岩	深灰色，均一结构，线状，水平层理发育，含植物碎片	
183	953.25	5.5	5.5	100				泥岩	灰黑色，片状结构，水平层理发育，局部夹煤线	
184	962.1	8.85	8.55	96				煤	黑色，半亮型，油脂光泽，煤质较好，结构为0.88(0.12) 0.45 (0.2) 0.25 (0.1) 1.35 (0.02) 0.85 (0.13) 0.55 (0.55 (0.1) 1.3 (0.25) 1.7 (0.3) 0.3	
185	962.7	0.6	0.6	99				泥岩	绿灰色，含植物碎片较多，底部0.30 m煤与泥岩互层	
186	963.5	0.8	0.8	100				煤	黑色，半亮型煤，质脆，夹条带状镜煤	
187	964.35	0.85	0.85	99				泥岩	浅绿灰色，细腻，底部0.15 m含炭质较多	
188	964.55	0.2	0.2	100				凝灰质粗砂岩	深绿色，凝灰质成分为主，含灰白色凝灰质粗粒，呈杏仁状	
189	964.8	0.25	0.15	60				劣质煤	黑色，亮煤与含炭泥炭呈条带状结构	
190	965	965	0.2	0				泥岩	黑灰色，含植物碎屑多，夹条带状亮煤	
191	966	1	1	100				细砾岩	灰绿色，颗粒成分主要为凝灰岩及安山质组成，夹0.02~0.05 m泥岩	
192	966.6	0.6	0.6	99				泥岩	深灰色，上部含条带状亮煤线，底部含凝灰质颗粒	
									灰绿色，中夹0.05 m泥岩，底部含亮煤条带，颗粒成为主要为灰白	

图5-16　龙家堡煤矿 M_8 钻孔柱状图

图 5 - 17　不同深度断层影响数值模型

模拟得出不同开采深度下的应力分布曲线，如图 5 - 18 所示。从图中可以看出，开采深度 400 m 时，F_{25} 断层应力峰值 16.82 MPa，集中系数 1.68，影响范围约 50 m，F_{18} 断层应力峰值 21.12 MPa，应力集中系数 2.12，影响范围约 60 m；深度 600 m 时，F_{25} 断层应力峰值 28.81 MPa，集中系数 1.92，影响范围约 70 m，F_{18} 断层应力峰值 31.90 MPa，应力集中系数 2.13，影响范围约 90 m；深度 800 m 时，F_{25} 断层应力峰值 41.78 MPa，集中系数 2.09，影响范围约 70 m，F_{18} 断层应力峰值 42.42 MPa，应力集中系数 2.12，影响范围约 90 m；深度 1000 m 时，F_{25} 断层应力峰值 54.54 MPa，集中系数 2.18，影响范围约 80 m，F_{18} 断层应力峰值 56.37 MPa，应力集中系数 2.25，影响范围约 100 m。随着开采深度的增大，断层应力集中程度及影响范围均呈现出明显的升高趋势，因此，深部开采断层更易产生滑移震动，且应力集中影响范围更大，对采掘工程扰动更加强烈。

同时，大量研究表明，采掘工作面推向断层或推离断层时，均易发生冲击地压，特别是在出断层影响区时，影响更为强烈，龙家堡 "6·9" 事故即是在推过断层约 50 m 时发生的。因此，《防治煤矿冲击地压细则》第三十五条要求："**冲击地压煤层采掘工作面临近大型地质构造（幅度在 30 m 以上、长度在 1000 m 以上的褶曲，落差大于 20 m 的断层）、采空区、煤柱及其他应力集中区附近时，必须制定防冲专项措施。**"在实际工作中，煤矿要"因地制

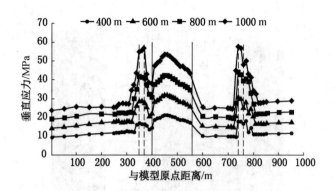

图 5-18 不同开采深度断层影响垂直应力分布曲线

宜"，根据工作面实际地质条件和开采条件，制定专项防冲措施，并加强监测预警。

5.6 关于"6·9"冲击地压事故的思考与教训

5.6.1 思考

1. 大采深、特厚煤层、高位坚硬顶板与断层影响条件下要保证卸压效果

龙家堡煤矿在大采深、特厚煤层、高位坚硬顶板与断层影响下，采场周围煤岩体储存有大量弹性能，开采导致的断层冲击地压释放能量大，波及范围远。煤矿回采前并没有按防冲设计进行下巷断顶工作，同时煤体卸压工作也都是在掘进期间完成，回采时超前 300 m 出现应力异常也不具备卸压解危的施工条件。而对于特厚煤层来讲，卸压钻孔存在时空效应，导致巷道围岩正常能量释放受到抑制，能量不断积聚，最终超过围岩系统承载极限，造成毁灭性冲击。因此，对断层冲击地压的防治，应优先强调主动卸压，而且需要重复卸压，在保障充分卸压的前提下进行加强支护；同时，当采掘工作面揭露断层后，应及时修改采掘部署，合理确定开切眼及停采线位置，避免由于采动影响导致断层区域应力进一步积聚，降低冲击地压发生的可能性；应加强矿井地层结构分析，强化断层活动与冲击地压的相关关系研究，尤其是总结微震等监测数据与断层活化之间的联系，探索矿井地层结构对采空覆岩结构演化、工作面采场围岩移动、围岩应力场演化的影响规律。

2. 合理确定两巷超前防冲支护的支护强度及形式

由于断层冲击是水平应力起主导作用的，而龙家堡煤矿沿巷道走向布置一列两柱式垛式支架作为加强支护，且运输巷受带式输送机影响，垛式支架偏心布置与 O 型棚支架呈线性接触，支架稳定性差，无法抵抗水平构造应力的断

层冲击，导致冲击地压发生时，多数支架倾倒。我国义马矿区跃进煤矿和耿村煤矿也发生过类似情况。其通过采用锚杆＋锚索＋O型棚＋门式防冲支架，且在两门式支架间按照垛式支护，有效解决了此类问题。此外，与义马矿区的支护相比，龙家堡煤矿采用的锚杆＋锚索＋O型棚＋垛式防冲支架的支护强度不够，也是事故造成巷道破坏的主要原因。

与普通煤层巷道相比，冲击地压巷道除了受原岩应力、采动应力等准静态载荷影响外，还受顶板断裂、断层错动等动态载荷冲击作用。冲击地压巷道的稳定性控制可主要从以下3个方面做起：①优化开拓开采布局，降低区域性原岩应力，减少冲击能积聚；②采取煤层钻孔、煤体爆破以及注水等措施进行巷道围岩改性卸压，使煤岩体裂纹扩展、强度弱化，转移巷道周围的采动应力，确保冲击发生时吸收或消耗冲击能；③改善巷道支护，根据不同冲击能量条件下的防冲支护需要，采用吸能锚杆（索）、可缩性O/U型棚支架或吸能液压支架组成的三级支护技术，提高巷道支护强度，增加支护阻尼吸能水平；根据巷道破坏特征与支护结构的破坏状况，优化加强防冲液压支架的架型、布置方式、布置参数等。

龙家堡煤矿305工作面采用锚网索＋O型棚强力支护形式。在事故发生后，支架变形严重，最大限度地保证了工人的生命安全。《防治煤矿冲击地压细则》第八十三条要求："**冲击地压巷道严禁采用刚性支护，要根据冲击地压危险性进行支护设计，可采用抗冲击的锚杆（锚索）、可缩支架及高强度、抗冲击巷道液压支架等，提高巷道抗冲击能力。**"冲击地压矿井应严格按照要求制定支护方案，并依据自身特点，确定合理的超前支护距离。

5.6.2 教训

1. 冲击危险巷道巷修前必须进行冲击危险评估并充分卸压，严禁多段同时巷修

冲击危险巷道巷修区域本身就处于高应力状态，巷修工程扰动极有可能诱发巷道冲击地压。龙家堡煤矿破坏性冲击地压大都发生在生产期间（采煤、放煤、掘进），且都存在开采与巷道卸压、维修等相互影响现象。本次冲击地压发生时，采煤机割煤至运输巷端头处，工作面滞后采煤机3~5架放煤，此时采放作业对下巷扰动是最大的，加上超前范围存在大量巷修、卸压等活动，多种作业相互影响，相互促进，造成更大范围应力释放。对于工作面上下端头：一方面受超前采动应力和巷帮卸压解危施工的影响，巷道围岩结构破损严重；另一方面因面前部分支护系统的退锚管理，巷道整体支护强度和抗动载冲击能力降低；同时，断层冲击地压孕育时间长、能量集中程度高、影响范围远，虽然采掘扰动是断层活化的主要原因，但爆破卸压、巷道翻修等扰动也是

加剧断层冲击的重要原因。因此，冲击危险巷道巷修前必须进行冲击危险性评估并编制专项的施工防冲措施，在进行巷修工作前，应提前在待修巷道附近补打单元支架等强化支护措施，对围岩结构进行充分卸压且待效果检验安全后方可开展巷修作业；此外，要加强巷道施工质量管理，尽量做到一次支护到位，避免多次重复巷道扩修，增加冲击危险概率。

2. 冲击危险巷道巷修期间严格落实限员准入制度

龙家堡煤矿"6·9"事故发生时，305综采工作面及两巷冲击危险区超前支护范围作业人员达31人，违反《防治煤矿冲击地压细则》第七十六条规定。同时，此次事故与2011年11月3日发生在河南义马千秋煤矿21221工作面下巷的冲击地压事故有相似之处：掘进巷道内的多处扩帮扰动影响，作业人员达到了75人，事故发生时导致74人被困。这也是国家煤矿安全监察局科技装备司于2019年发布的《关于加强煤矿冲击地压防治工作的通知》（煤安监技装〔2019〕21号）中第9条所规定的"严格限制多工序平行作业。采动影响区域内严禁巷道扩修与回采平行作业"的主要依据。

6　龙堌煤矿"2·22"冲击地压事故

6.1　事故概况

2020 年 2 月 22 日 6：17，山东新巨龙能源有限责任公司龙堌煤矿 - 810 m 水平二采区南翼 2305S 综放工作面上平巷发生一起较大冲击地压事故，造成 4 人死亡，直接经济损失 1853 万元。

本次事故的发生地点为 2305S 综放工作面。工作面采深接近 1000 m，开采 3 层煤，煤层倾角 9° ~ 13°，煤层厚度平均 10.4 m，煤层顶板和底板均存在坚硬的砂岩层，煤岩层经冲击倾向性鉴定均具有弱冲击倾向性。煤岩体赋存深度大，且开采区域内 FD$_8$ 断层与 2305S 工作面形成三角区，FD$_8$ 与 FD$_6$ 断层形成楔形地堑结构，工作面见方及上覆岩层大范围悬顶造成局部高应力聚集，围岩应力水平很高，具备发生冲击地压的应力条件。

综合分析认为，本次冲击地压事故为大区域构造应力调整及工作面开采扰动诱发楔形地堑区断层滑移型冲击地压事故。

6.2　矿井概况

6.2.1　地理位置、交通情况

龙堌煤矿位于巨野县城西南约 16 km，西距菏泽市约 40 km，行政区划隶属菏泽市巨野县龙堌镇。菏日铁路、327 国道自南西至北东向贯穿矿井中部，北距日东高速巨野出（入）口约 16 km，东北距巨野火车站约 20 km，东距济宁曲阜机场 40 km。区内有乡镇公路相通，交通便利（图 6 - 1）。

6.2.2　井田范围

龙堌煤矿位于巨野煤田中南部，现采矿许可证由国土资源部于 2011 年 2 月 23 日换发，证号为：C1000002008061110000037，井田面积 142.2894 km^2，生产规模 600 万 t/a，开采深度为 40 ~ -1200 m 标高。井田范围拐点坐标见表 6 - 1。

6.2.3　矿井生产能力及服务年限

龙堌煤矿是新汶矿业集团骨干矿井之一，2009 年 11 月投产，设计能力 600 万 t/a，核定年生产能力 780 万 t/a。根据山东省能源局 2019 年 3 月 19 日

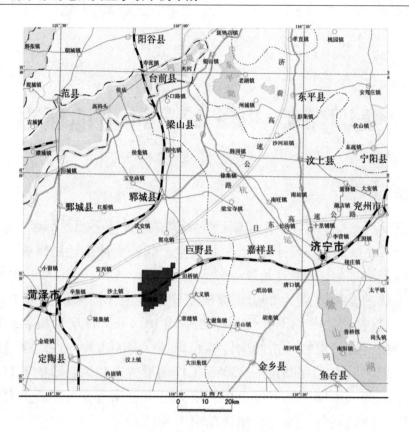

图 6-1 龙堌煤矿交通位置图

表 6-1 矿井范围拐点坐标一览表 (80 坐标系统)

点号	X	Y	点号	X	Y
1	3917619.83	39406566.02	14	3901965.54	39401336.46
2	3915770.63	39406547.03	15	3901982.23	39399819.36
3	3915778.43	39406789.63	16	3901057.63	39399809.17
4	3912069.94	39406751.36	17	3901064.52	39398291.88
5	3912087.84	39405993.66	18	3900149.92	39398281.48
6	3909313.95	39405964.78	19	3900175.81	39396005.39
7	3909321.94	39405206.79	20	3902025.00	39396026.68
8	3906472.65	39405187.40	21	3902033.79	39395268.08
9	3906480.64	39404429.30	22	3906581.47	39395332.34
10	3903782.26	39404390.23	23	3906599.16	39393816.14
11	3903790.25	39403631.84	24	3910373.05	39393848.82
12	3902865.65	39403621.94	25	3910355.36	39395364.52
13	3902890.14	39401346.55	26	3914978.55	39395418.18

表6-1（续）

点号	X	Y	点号	X	Y
27	3914893.80	39402992.75	29	3915786.32	39406032.24
28	3915818.40	39403002.75	30	3917635.52	39406051.52

下发的《关于调整全省采深超千米冲击地压矿井核定生产能力的通知》（鲁能源煤炭字〔2019〕43号），龙堌煤矿核定生产能力624万 t/a，服务年限为65年。

6.2.4　矿井生产系统

（1）开采。矿井采用立井开拓方式，布置1号主井、2号主井、副井、南风井和北风井共5个井筒，井底车场标高为 -810 m，目前开采3（3_上）煤层。煤矿采用走向长壁后退式采煤法、综合机械化放顶煤开采工艺，用全部垮落法管理顶板，掘进工艺为综掘和炮掘。矿井划分为13个采区，现开采4个采区：一采区北翼、二采区南翼、二采区北翼、八采区；现布置3个综放工作面：1个矸石充填工作面、1个备用工作面、13个掘进工作面。矿井采掘活动主要集中在 -810 m 水平一、二采区和 -980 m 水平八采区。到目前为止，矿井已完成11个综放工作面（1301N、1302N、2301S、2302S、2303S、2304S、2301N、2302N、2303N、3301、3302工作面）、2个充填工作面（1302N-1号充填工作面和2305S-2号充填工作面）和一采区南翼4个条带工作面（1302S、1303S、1304S、1305S工作面）的开采；目前正在开采2304N、2305S综放工作面以及1302N-2号充填工作面。

（2）通风及提升。矿井采用混合式通风，通风方法为抽出式，副井、1号、2号主井进风，南、北风井回风。矿井总需风量30651 m³/min，实际进风量34057 m³/min，矿井总回风量35456 m³/min。其中南风井安设两台 ANN2884/1400N 型轴流式主要通风机，目前运行2号风机，回风量14378 m³/min；北风井安设两台 ANN3200/1600B 型轴流式主要通风机，目前运行1号风机，回风量21068 m³/min。矿井主井采用两套独立的立井多绳摩擦式箕斗提升，提升容器均为32 t箕斗，均选用 JKM-4.5×6（Ⅲ）型摩擦轮提升机，通过设备集成改造，实现了主井装、卸载、提升信号、提升机主机（机械电气和电控）自动化控制。副井采用立井落地式多绳摩擦轮提升方式，井筒直径为7.0 m，提升容器为双层四车罐笼，玻璃钢敷层罐道。电控系统采用 DCS600 直流调速 PLC 全数字控制系统。

（3）运输。井下原煤实现带式输送机连续运输。工作面煤矸经破碎机破碎→工作面顺槽输送机→采区集中运输皮带→主原煤运输皮带→井底煤仓。

（4）排水。矿井在 −810 m 水平设置两处主排水泵房。其中，1 号中央泵房安装 5 台 MDS420 −96 ×10 主排水泵；2 号中央泵房安装 6 台主排水泵。两个中央泵房共安装 11 台主排水泵，5 台工作、4 台备用、2 台检修。工作水泵的排水能力为 2180 m³/h，允许的矿井正常涌水量为 1816 m³/h，排水能力满足要求。同时，煤矿在 −810 m 水平 2 号水仓设置潜水泵排水系统，沿 −810 m 辅助运输大巷 2 敷设 3 趟 ϕ325 mm ×24 mm 排水管路，与 1 号中央水泵房通过 1 号主井敷设的 3 趟排水管路合茬至地面。排水管路设有控制闸阀，能够实现快速切换。

（5）其他。矿井采用德国 WAT 降温技术，井底制冷、地面排热的方式。矿井共设两期 WAT 硐室，10 台井下制冷机组，总制冷量为 32600 kW。

6.3 龙堌煤矿冲击地压情况

6.3.1 冲击地压事件情况

龙堌煤矿自 2012 年首次发生冲击地压现象以来，随着矿井开采深度的不断增加，冲击地压由开始时的局部微小破坏逐步发展为巷道破坏性冲击。此次事故发生前已发生冲击地压事件 4 次，表 6 −2 为历次冲击地压事件基本情况，每次事件发生位置如图 6 −2 所示。

表 6 −2　龙堌煤矿历次冲击事件统计表

序号	事件	时间	地点	事件定位	现场宏观显现	主要影响因素
1	"3·7" 震顶	2012 年 3 月 7 日	1302N 工作面	22:08，生产期间；KJ551 系统定位震级 1.77 级、能量 4.2 ×10⁴ J，震源位于面前 40.5 m、下巷以上 90.8 m、顶板以上 50 m	煤机割完下三角准备上行，沿空侧下巷超前发生震顶事件，造成下平巷超前 50 ~70 m 范围内煤帮明显凸出约 500 mm，局部巷道底板轻微鼓起约 200 mm	工作面双见方
2	"5·25" 震顶	2015 年 5 月 25 日	2303S 工作面	9:56，停机检修；ARAMIS 系统定位震级 1.74 级，能量 1.6 ×10⁵ J，震源位于面后 180 m、顶板以上 66.8 m	工作面区域震感强烈。顶板断裂声音持续约 1 min；面 30 ~80 号支架区域部分前柱 1000 L 安全阀开启；31 ~79 号支架区域 8 盏照明灯震落；44 号支架向煤壁偏移 30 cm，55 号支架向老空区偏移 10 cm，40 ~75 号支架排直状态受影响	过联巷煤柱（面距三联巷 115.2 m）

表 6-2（续）

序号	事件	时间	地点	事件定位	现场宏观显现	主要影响因素
3	"4·18"震顶	2017年4月18日	2304S工作面	14:26，生产期间；ARAMIS系统定位：1.90级，能量3.44×10^5 J，震源位于面前238.6 m，下巷以上84.4 m，顶板以上171 m	下巷超前100 m区域显现较明显。其中，1号超前支架外12 m长度区域顶板整体下沉约0.8 m，顶板锚索梁断1根、锚索断3棵；部分底皮带接底板；两帮完好、未见位移，预卸压钻孔深度2.0 m以里基本闭合，煤粉呈喷射散状	工作面见方
4	"3·27"震顶	2018年3月27日	2304N工作面	18:35，生产期间；ARAMIS系统定位1.31级、能量2.4×10^4 J，震源位于2304N联巷下岔口东侧155.1 m，2305N联巷以南63.1 m，顶板上方12.1 m处	2304N联巷下岔口区域显现明显。现场声响大，散落煤渣多；顶板2处钢筋网形成网兜，顶板支护锚杆断3根；北帮附近开关水泥基础出现约长7 m×宽10 mm的缝隙	断层与联巷切割煤柱、底煤

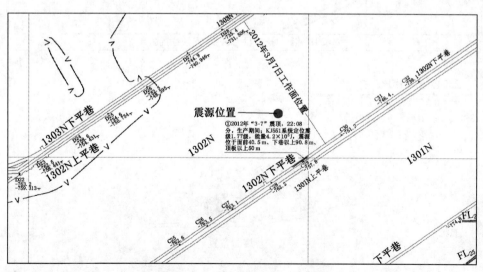

(a) 2012年3月7日"3·7"震顶位置图

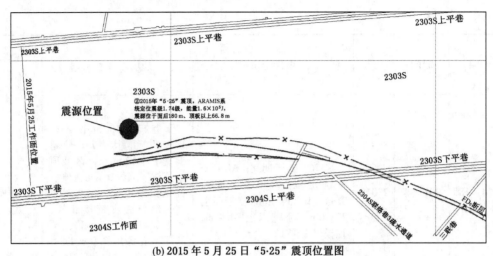

(b) 2015 年 5 月 25 日 "5·25" 震顶位置图

(c) 2017 年 4 月 18 日 "4·18" 震顶位置图

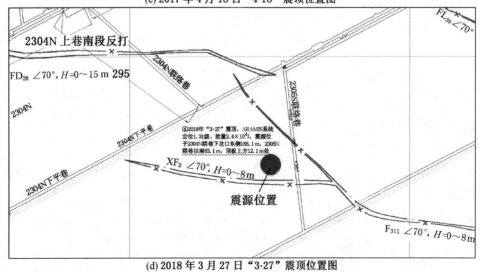

(d) 2018 年 3 月 27 日 "3·27" 震顶位置图

图 6 - 2　龙堌煤矿历次冲击地压发生位置图

6.3.2 冲击地压防治情况

龙堌煤矿十分重视冲击地压防治工作，较为全面地开展了冲击地压防治工作。

（1）防冲制度、机构及人员情况。矿井成立了以总经理为组长，分管副总经理、总工程师为副组长，各副总工程师、单位（部室）负责人为成员的冲击地压防治工作领导小组；设置了专职防冲副总工程师，成立了冲击地压防治办公室和防冲工区。防冲办公室在册12人，设主任1人、副主任1人、专业技术人员6人，专职监测人员4人；防冲工区在册171人，其中取得特种作业人员资格证书137人。

（2）冲击危险性评价及防冲设计。矿井委托北京科技大学开展冲击危险性评价与防冲设计。2017年6月编制了《新巨龙公司 –810 m水平二采区冲击危险性评价与防冲设计研究报告》，2018年7月编制了《新巨龙公司 –980 m水平冲击危险性评价与防冲设计报告》，2018年9月编制了《新巨龙公司3煤层开采冲击危险性评价报告》；各采区、采掘工作面均进行了冲击危险性评价。

（3）冲击地压监测预警装备。矿井建立了冲击地压多因素综合监测预警平台，对冲击危险性实施监测；装备了覆盖全矿井的区域监测系统 ARAMIS M/E 微震监测系统、KJ874 井田地震台网各1套；装备了 KJ551 微震监测系统4套、KJ623 地音监测系统1套、KJ550X 应力在线监测系统1套、KJ550 应力在线监测系统3套、KJ649 应力在线监测系统9套、KJ24 液压支架矿压监测系统4套；配备了钻屑法检测机具；煤巷安装了顶板离层仪。

（4）冲击地压防治措施。矿井采取煤体注水和大直径钻孔预卸压措施，对有冲击危险的采掘工作面采用大直径钻孔卸压解危：工作面上下平巷及联巷等底煤厚度大于0.5 m的区段实施底煤卸压钻孔，预防底鼓。工作面采用"锚网索 + 注浆锚索"支护形式：上平巷超前120 m采用60组 ZQ4000/20.6/45 单元式支架支护；上平巷与三联巷三叉口处增设1架 ZQL2×4800/18/35 支架和3架 ZQ4000/20.6/45 单元式支架加强支护。对于工作面回采过程中发现的动压显现异常区，采用大直径卸压方式进行防冲解危：钻孔深度不小于20 m（或达到高应力集中区），应力值降低到低应力预警值以下可停止施工，孔径不小于125 mm。

6.4 2020年"2·22"冲击地压事故分析

6.4.1 事故工作面概况

事故地点位于 –810 m水平二采区南翼 2305S 综放工作面上平巷及三联

巷，如图 6-3 所示。2305S 工作面为 -810 m 水平二采区南翼第五个工作面，东为 2306S 下平巷（2018 年 7 月停掘），南为 -980 m 边界下山保护煤柱，西为 2304S 工作面采空区，北为 -980 m 延伸下山保护煤柱。工作面走向长度 1904 m，倾斜长度 263.5 m，采高 3.6 m，放顶煤高度 5.6 m，煤层底板标高 -927.4 ~ -994.4 m。

冲击地压发生时距 2305S 工作面最近的采掘地点：2304N 采煤工作面 991 m，8302 联巷掘进工作面 1521 m。事故区域 500 m 范围内无其他采掘活动；在距 2305S 工作面 2550 m 的液压泵站处，设置自动控制系统远程控制平台，可实现液压支架、采煤机自动化，原煤运输、视频监控的远程自动控制。事故前，工作面正在过 FD₈ 断层，实施人工操作采煤作业，采场应力分布比较复杂。

6.4.2 事故发生前开展的防冲工作情况

2019 年 8 月，矿方委托北京科技大学编制《2305S 综放工作面开采冲击危险性评价与防冲设计》，采用综合指数法和可能性指数法评价工作面具有中等冲击危险性，具有发生冲击地压的可能性并根据多因素耦合法将工作面冲击地压危险区域划分为 24 个。其中：弱冲击危险区 1 个、中等冲击危险区 11 个、强冲击危险区 12 个。事故区域处于强冲击危险区，如图 6-4 所示。

矿方在冲击危险性评价与防冲设计的基础上，制定了冲击地压防治专项措施和工作面见方专项措施；编制了《2305S 综放工作面回采期间冲击地压防治安全技术措施》，并下发至在 2305S 工作面工作的相关区队学习贯彻，依据措施规定在该工作面上、下巷分别实施钻孔卸压、断底卸压、煤层注水等措施。

工作面回采期间，矿方采取区域监测与局部监测相结合的冲击地压监测方法，以微震监测和应力在线监测为主，钻屑法检测和支架工况监测为辅。

（1）微震监测。2305S 工作面上平巷超前布置 2 组 ARAMIS M/E 微震监测系统探头，探头间距 200 ~ 300 m，下平巷超前布置 1 组探头。2019 年 12 月 5 日至 2020 年 2 月 21 日，2305S 工作面共发生定位微震事件 565 次，最大能量 9.4×10^3 J。

（2）应力监测。2305S 工作面安装一套应力在线监测系统，应力测站布置在工作面上、下平巷超前 400 m 待采煤体侧，距工作面 25 m 布置 1 号测站，依次向外每间隔 25 m 布置 1 个测站。2019 年 12 月 5 日至 2020 年 2 月 21 日，工作面共出现 3 次浅部测点低应力预警情况，均发生在 2305S 上平巷超前支护段：其中，12 月 9 日 5 号测站浅部测点应力值 6.7 MPa、12 月 10 日 5 号测站浅部测点应力值 6.8 MPa、12 月 14 日 9 号测站浅部测点应力值 6.5 MPa，均在实施卸压解危措施后，经钻屑法校验，预警解除。

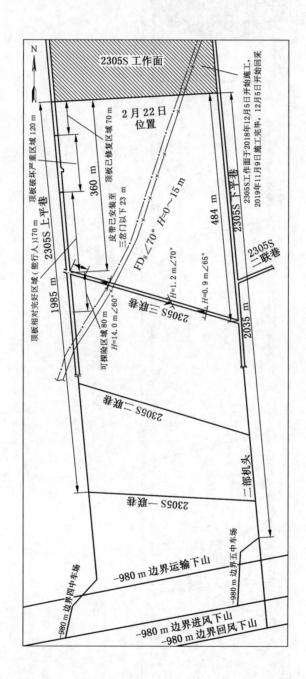

图 6 - 3 龙堌煤矿 2305S 工作面周边采掘工程平面图

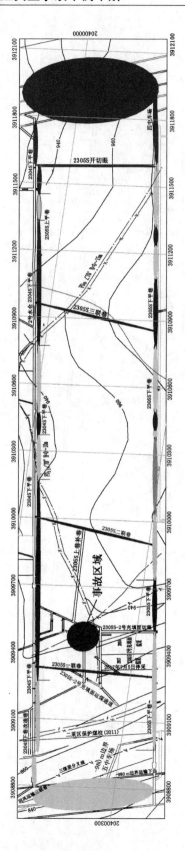

（图中色块颜色越深，代表该区域冲击地压危险性越大）

图 6-4　工作面冲击地压危险区域划分图

（3）矿压监测系统。工作面支架安装数显式无线传输压力表以监测所有支架工作阻力，实现了实时在线监测。

（4）钻屑法煤粉检测。矿方采用钻屑法对工作面上、下平巷超前 300 m 范围进行检测。检测孔间距 30 m，孔深 15 m，上、下平巷各施工 10 个检测孔，2 天内完成，每 7 天循环检测一遍。2019 年 12 月 5 日至 2020 年 2 月 21 日，矿方共施工煤粉检测孔 264 个，工程量 3616 m，钻孔最大煤粉量为 4.6 kg（第 15 m），未出现煤粉检测指标超限情况。

卸压钻孔工程量：上平巷掘进期间累计施工卸压钻孔 893 个，工程量 11731 m。工作面回采期间上、下平巷和三联巷累计施工卸压钻孔 1872 个，工程量 47069 m。

6.4.3 "2·22" 冲击地压事故经过

6.4.3.1 事故全过程

1. 事发过程

2020 年 2 月 22 日 6:17，2305S 工作面上平巷及三联巷发生冲击地压（图 6-5）。工作面部分人员被冲倒，语音电话失效，下端头作业人员感到从工作面吹来一股强大气流。班长林某强意识到出事了，立即带领人员跑向工作面上端头查看，发现上端头煤尘很大，能见度极低，然后带领人员迅速由工作面经下平巷来到 2305S 三联巷，发现三联巷上段的顶板和两帮均严重变形，人员无法通过，便迅速返回下平巷，经 2305S 二联巷到达工作面上平巷，发现限员管理站以里巷道顶板及两帮均已发生严重变形，于是立即电话报告。

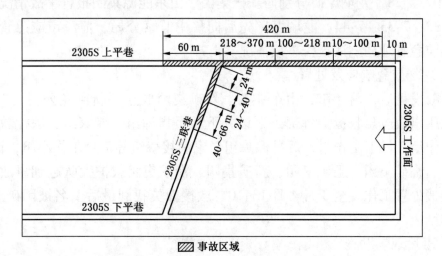

图 6-5　龙堌煤矿 2305S 工作面 "2·22" 冲击地压事故现场素描

6:38，林某强向综放一区值班副区长侯某国电话汇报事故情况。

6:40，侯某国向调度室汇报 2305S 工作面发生冲击地压事故。

7:16，林某强对现场人员清点确认后，向调度室汇报闫某军、胡某文、贾某文、贾某义等 4 人被困。经核实，冲击地压事故发生时，限员管理站以里有 14 人，其中 4 人被困，限员管理站以外 8 人。

2. 冲击地压监控中心应急处置情况

2 月 22 日 6:17，地面防冲监控中心值班员王某朋发现 ARAMISM/E 微震监测系统和 KJ874 井田矿震台网均监测到震动事件波形异常，2305S 工作面上平巷 KJ551 微震系统、KJ550 应力在线系统断线。王某朋立即电话联系 2305S 工作面，电话不通，随即电话汇报防冲办主任徐某。徐某组织人员分析数据，确定冲击事件的能量、震级，6:44 电话向调度室报告。

3. 事故信息报告

2 月 22 日 6:38，2305S 工作面当班班长林某强向综放一区值班副区长侯某国汇报，井下 2305S 工作面上平巷发生冲击地压，现场有 4 人联系不上。

6:40，侯某国向调度室调度员孙某坤电话汇报 2305S 工作面上平巷发生冲击地压事故，孙某坤立即安排现场所有人员撤离冲击危险区域，清点人数，等待救援。

6:41—6:49，孙某坤电话向调度室主任、总工程师、回采副总经理、安监处长、掘进副总经理、副总经理、生产副总经理、总经理报告事故情况；龙堌煤矿立即启动冲击地压事故应急预案。

7:9、7:28，龙堌煤矿分别向新矿集团、山东能源集团报告事故情况。

7:32、7:35、7:44，龙堌煤矿先后向鲁中监察分局、菏泽市应急管理局、巨野县应急管理局电话报告事故情况。

4. 现场应急响应及处置

事故发生后，菏泽市，山东能源、新矿集团成立了新巨龙公司"2·22"冲击地压事故应急救援指挥部，下设井下救援指挥组、专家组、医疗救护组、新闻工作组、保卫工作组、后勤保障组、家属接待组等 7 个工作小组，调集龙矿集团、临矿集团、肥矿集团、新矿集团、淄矿集团救护大队赶到事故现场，参加救援处置工作。至 3 月 4 日 13:10，救援人员找到最后 1 名被困矿工，救援工作结束。

5. 事后现场勘查

经现场勘查，事故区域为 2305S 工作面上平巷自上端头 10 m 以外 420 m，三联巷 66 m，合计 486 m。根据巷道破坏程度，上平巷分为 4 段，三联巷分为 3 段，具体情况如下：

1）上平巷勘查情况

（1）上平巷超前10~100 m段。巷道变形明显。该区域单元支架变形明显，底座内移，损坏2架，其中1架折断两根立柱。顶板下沉0.3~0.6 m，局部破坏形成网兜；底板底鼓0.3~0.8 m；两帮移近0.6~0.8 m，主要表现为开采帮移近、巷道两底角内移，如图6-6所示。

图6-6 上平巷超前10~100 m段巷道破坏及单元式支架损坏图

（2）上平巷超前100~218 m段。巷道破坏严重，巷道堵塞，人员无法通行。

（3）上平巷超前218~370 m（三联巷三叉口）段。巷道变形明显。帮部锚索梁部分断裂，顶板下沉0.3~0.5 m，底板底鼓0.5~1.2 m，两帮移近0.5~1.5 m。上平巷与三联巷三叉口处巷道变形不明显，现场支设1架ZQL2×4800/18/35支架及3架ZQ4000/20.6/45单元式支架，支架基本完好。

（4）上平巷三联巷三叉口以外60 m段。巷道底鼓0.8~1.5 m，顶板下沉0.5~1.3 m，两帮移近1.5~2.3 m。

2）三联巷勘查情况

（1）三联巷上口24 m段。巷道顶板部分锚索梁弯曲变形，顶板下沉0.2~0.5 m，两帮移近0.8~1.2 m，底鼓0.5~0.8 m。

（2）三联巷上口24~40 m段。巷道破坏严重，两帮内缩移近量大，顶板锚索梁断裂下沉，底板底鼓，巷道断面最小处仅剩1.0 m^2 空间，如图6-7所示。

（3）三联巷上口40~66 m段。巷道南帮位移0.5~1.2 m，底板底鼓0.3~2.0 m，顶板破坏严重，局部漏顶。

3）工作面和下平巷巷道变形情况

2305S工作面支架完好，顶板完整，无明显下沉，煤壁完整，无明显片

图 6 – 7　三联巷上口 24～40 m 段巷道破坏情况图

帮；上端头轻微底鼓约 0.3 m，上帮煤壁完整，无明显移近，支设的单体液压支柱部分弯曲，无歪倒现象；下端头及下平巷无明显变化。

6.4.3.2　事故微震记录

1. 山东省地震台网测定

根据山东省地震局地震台网测定：2 月 22 日 6:17，山东菏泽市巨野县（北纬 35.31 度，东经 115.91 度）发生 M2.0 级塌陷，如图 6 – 8 所示。

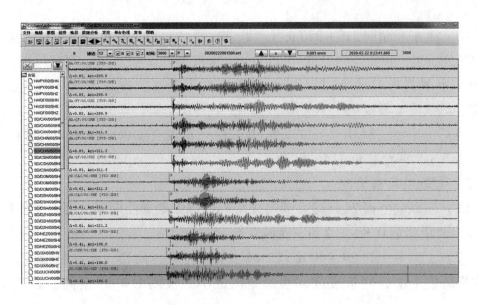

图 6 – 8　菏泽地震台网提供接收坍陷事件波形图

2. 龙堌煤矿 ARAMIS M/E 微震系统监测

2020 年 2 月 22 日 6:17，根据 ARAMIS M/E 微震系统定位，监测结果为震级 3.0 级，能量 4.2×10^6 J，为矿井历年来最大震动事件。震源位于 2305S

工作面前方 90 m，2305S 上平巷以下 31.2 m，顶板以上 160 m，如图 6-9 ~ 图 6-11 所示。

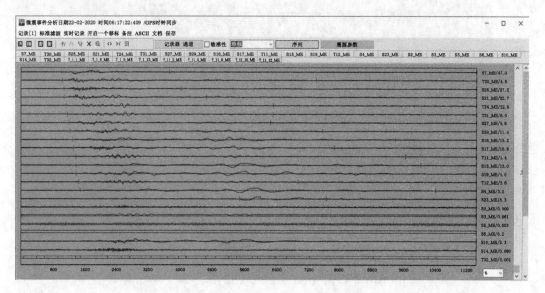

图 6-9 ARAMIS M/E 微震系统监测"2·22"事件波形

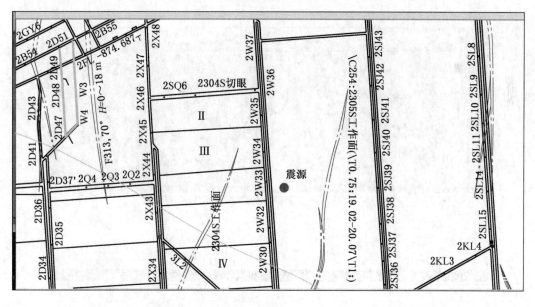

图 6-10 ARAMIS M/E 微震系统定位"2·22"事件位置示意图

图 6-12、图 6-13 为 ARAMIS M/E 微震系统监测正常采掘活动微震事件波形与频谱图，与本次大能量低频震动事件区别明显。其中，图 6-12 为 2020 年 2 月 17 日 17:23 发生震级 1.0 级、能量 6.9×10^3 J 事件波形与频谱，其中，事件主频约 150 ~ 170 Hz；图 6-13 为 2020 年 2 月 20 日 9:46 发生震级 0.6 级、能量 1.2×10^3 J 事件波形与频谱，事件主频 120 ~ 170 Hz。

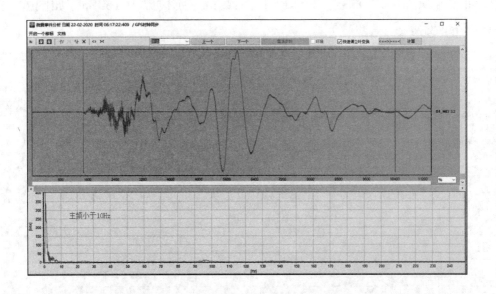

图 6 – 11　ARAMIS M/E 微震系统定位 "2 · 22" 事件频谱图

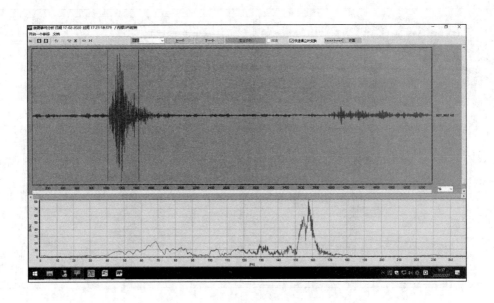

图 6 – 12　2020 年 2 月 17 日 17:23 震动事件频谱

3. 龙堌煤矿 KJ874 地震台网监测

2020 年 2 月 22 日 6:17，根据 KJ874 井田地震台网定位，震级 2.3 级（持时震级 Md）、能量 3.77×10^6 J。震源位于二采下部水仓进风通道，距 2305S 工作面 878.6 m，顶板以上 116 m，如图 6 – 14 ~ 图 6 – 16 所示。

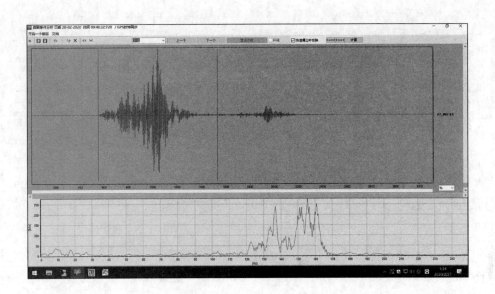

图 6 – 13   2020 年 2 月 20 日 9:46 震动事件频谱

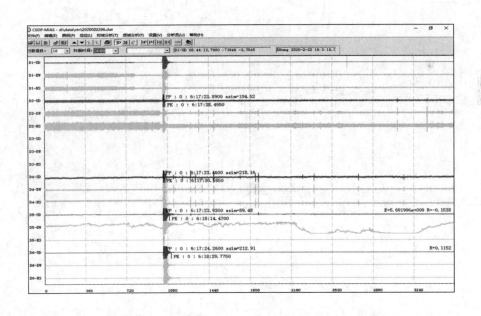

图 6 – 14   KJ874 井田地震台网接收"2·22"事件监测波形

6.4.4   事故原因分析

1. 直接原因

事故区域煤层及其顶底板具有冲击倾向性，煤岩埋藏深度大，FD_8 断层与工作面形成三角区，FD_8 与 FD_6 断层形成楔形地堑结构，工作面见方及上覆岩

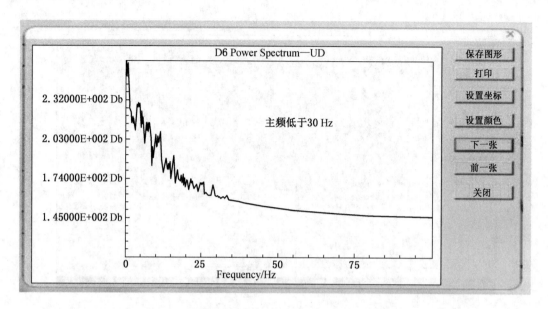

图 6 – 15　KJ874 地震台网定位 "2·22" 事件频谱

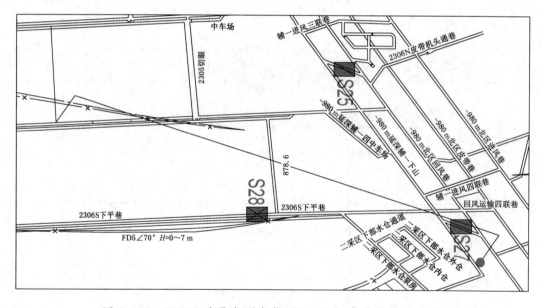

图 6 – 16　KJ874 矿震台网定位 "2·22" 事件位置示意图

层大范围悬顶造成局部高应力聚集。大区域构造应力调整及工作面开采扰动，诱发楔形地堑区断层滑移导致冲击地压事故发生。

（1）FD_8 断层与工作面形成的三角区应力高。事故区域埋藏深度 985 ~ 1010 m，煤岩体自重应力高；FD_8 断层与 2305S 工作面斜交形成三角区，随着工作面推进，三角区面积逐渐减小，煤体应力升高。

（2）上覆岩层存在厚层砂岩大范围悬顶结构。煤层上方 60 m 范围内存在厚度 18～40 m 的砂岩复合坚硬顶板，以细砂岩、中砂岩为主，工作面推进处于见方区域，采空区周围存在大范围悬顶。

（3）大区域构造应力调整及开采扰动作用。2020 年以来，鲁西南地区近南北向断裂带（长垣断裂、中牟断裂、曹县断裂、巨野断裂等）地震活动频繁，据当地地震监测中心监测，2 月 19—25 日龙堌井田周边发生天然地震 14 次，由揭露郓 16 断层活动显现出大区域构造应力处于调整期；工作面推采接近 FD_8 与 FD_6 断层形成的楔形地堑结构区域。大区域构造应力调整和工作面推采扰动，导致地堑区域岩层沿高倾角断层面滑移。

2. 间接原因

（1）安全风险分析研判不够。龙堌煤矿对大区域构造应力调整、特殊地质条件造成应力集中等因素对工作面开采带来的冲击地压危险性认识不足、重视不够；编制审批作业规程、防冲专项措施时，未分析楔形高倾角地堑结构，对 FD_8 断层与工作面形成三角区等因素影响考虑分析不到位。

（2）安全管理制度执行不严格。现场作业人员未遵守采煤机割煤期间及停机 30 min 内不得进入上平巷限员管理区的规定，班组管理人员未及时发现并予以制止；区队盯班管理人员未严格执行盯班管理制度提前上井；区队未按安全风险分级管控制度要求每天开展安全风险预警；当班安监员未制止并与作业人员一起违规进入上平巷限员管理区。

（3）安全监督管理不到位。龙堌煤矿对现场作业人员未遵守限员区禁入管理制度、工区未执行安全风险预警制度，安监员未履行监督检查职责、区队盯班管理人员未严格执行盯班管理制度等问题监督管理不到位。

（4）巷道支护没有承受住强动载冲击。事故区域巷道按照《防治煤矿冲击地压细则》《山东省煤矿冲击地压防治办法》等相关规定采用的锚网索＋注浆锚索支护、单元支架加强支护，但在强烈冲击载荷作用下，部分支护失去作用。

（5）顶板存在较厚坚硬砂岩层，未采取处理措施。

（6）安全教育培训效果差。部分作业人员及安全管理人员对冲击地压危害认识不够、防冲限员管理规定等知识掌握不足，安全意识淡薄，自保互保能力差。

6.5　问题与解答：为什么小煤柱条件下也会发生冲击地压

针对龙堌煤矿小煤柱护巷条件发生的冲击地压破坏现象，下面从 5 个方面加以分析。

（1）现象分析。上平巷超前 10～100 m 段巷道变形明显，但冲击后仍有空间，是由于采用了单元支架进行强化支护，小煤柱在瞬间受力情况下单元支架共同参与进行支撑抵抗。上平巷超前 100～218 m 段，巷道破坏严重，巷道堵塞，人员无法通行，说明小煤柱在在瞬间受力情况下单元支架强度不足，导致小煤柱整体受压失稳造成瞬间破坏。

（2）力源分析。根据龙堌煤矿开采历史经验总结，开采 2304S 工作面在该断层附近就发生过大能量事件，说明在足够跨度（4 个工作面及以上），临近断层及见方应力会异常升高。但开采 2304S 工作面时发生的能量远没有达到此次冲击事故，由此分析可以得出：2304S 工作面冲击仅是由于断层中低位岩梁发生断裂导致的应力突然释放。此次事故因工作面开采覆岩扰动范围大，事故区域又处于工作面第一次见方附近，上覆地表中部虽已沉陷充分，但仍存在覆岩下沉带边缘不充分、沉降突然破断形成的矿震风险。

（3）支护分析。巷道支护强度不够。事故巷道沿底托顶煤掘进，上部为顶煤和泥岩组成的复合顶板，节理发育，受到冲击震动后易脱落，但现场采用全锚索注浆支护，支护体系有待验证。从现场破坏情况看：巷道支护没有承受住这次事故的强动载冲击作用，造成支护系统整体失稳，巷道大面积垮顶。

（4）监测分析。区域监测系统相对滞后，趋势分析不深入；局部应力监测系统显示临近工作面应力变化趋势不明显，不能真实反映应力实际状态，应力计安装深度有待研究；事故前期通过卸压钻孔汇总分析得出：应力向深部转移；煤粉监测数据失真，因巷道塑性变形和卸压孔施工，导致煤粉监测在施工位置不合适区域获得的煤粉数据失真；分析人员分析不到位，龙堌煤矿虽然安设了矿震台网、区域微震监测等震动场监测系统、T 型煤柱应力监测、掘进应力监测等应力场监测系统，但管理人员信息分析研判能力差，没有起到预警作用。

（5）卸压分析。工作面分别采用煤层注水、钻孔卸压等措施进行预卸压处理，但是事故前期卸压钻孔存在普遍塌孔情况。矿方虽安排进行补强卸压和补掏煤粉的方式进行强化卸压，但是每天工作面安排 4～5 刀生产产量与现场卸压产生矛盾与冲突，未能完全实现强卸压到位的要求。另外，事故前矿方对于深井、大采高、厚硬岩工作面仅采取对煤层卸压的方式，未能考虑对顶板进行预裂爆破，弱化顶板悬顶面积。

6.6 关于"2·22"事故的思考与教训

6.6.1 思考

（1）强化对矿井工程应力环境和地质条件的分析。开展对断层、褶曲、地堑等地质构造以及区域构造应力的调整，对冲击地压发生机理的影响进行分析研究，根据不同地质构造特点，优化防冲设计；强化对地堑、断层三角煤区等特殊地质构造区域应力分布及变化的监测分析，及时采取科学合理的监测预警、卸压解危、加强支护，进一步降低推进速度等有效措施，避免冲击地压发生。龙堌煤矿应暂停开采地堑构造区域，经专家论证后仍不能保证安全开采的不得开采。

（2）进一步加强巷道防冲支护技术研究。加强与科研院所协作交流，结合煤层赋存状况和构造特点，深入分析围岩冲击破坏特征，确定有效的支护形式、支护参数和支护范围；强化被动支护措施，中等以上冲击危险区的厚煤层托顶煤掘进巷道要采用可缩式 U 型钢棚、液压单元支架或者门式支架等加强支护方式，提高巷道抗冲击能力。

6.6.2　教训

（1）矿井的防冲规划、防冲设计及各项防冲制度的制定要切合矿井实际并严格落实执行。矿井的开采设计要从矿井的实际出发，制定切实可行的生产计划，坚持"区域先行"和"分类防治"的防冲理念，站在长远发展角度编制矿井中长期防冲规划并编制采掘接续计划，严格落实企业的防冲主体责任，按照生产计划进行开采，不能想当然、随意性开采，防止因人为因素产生高集中应力区。

（2）防冲意识不能松懈，侥幸心理不可取。要定期开展针对性的警示教育活动，强化防冲安全教育，提高职工防冲安全意识；严格落实冲击地压防治培训制度，进一步完善培训内容，定期对从业人员进行冲击地压防治知识专业培训，确保从业人员具备必要的岗位防冲知识和技能；保证冲击地压专职人员安全知识和技能培训质量，提高冲击地压专职人员专业水平。

7 门克庆煤矿"4·8"冲击地压事故

7.1 事故概况

2018年4月8日13:00，门可庆煤矿3102工作面回风巷附近发生冲击地压事故。微震监测结果为 3.3×10^7 J的能量事件，震源位于3101采空区上方约71 m，超前3102工作面约150 m，与3102回风巷的水平投影间距为53 m。现场勘查表明，冲击地压显现区段主要集中在3102回风巷：超前工作面约90 m范围出现单体、木垛歪斜；煤柱帮导致局部煤体溃出、木垛倾倒；巷道严重破坏区域范围约40 m、顶底板最大移近量约2.0 m、最大底鼓量约1.2 m，严重破坏区回风断面，缩为原断面的约三分之一。冲击地压显现区域由于提前就实施了限员封闭管理，没有造成人员伤亡。

门克庆煤矿发生的这次冲击地压，尽管地面震感明显，井下有明显破坏，但由于没有造成人员伤亡，所以没有被定性。但是，我们对本次冲击地压的发生原因等进行了分析。

7.2 矿井概况

门克庆井田位于鄂尔多斯市乌审旗呼吉尔特矿区中部，行政区隶属乌审旗图克镇。井田东西宽约7.2 km，南北长约12.3 km，面积约89 km²。井田内含煤地层为侏罗系中统延安组（J_2y），可采煤层9层，可采煤层平均总厚20.90 m。井田地质储量22.84亿t，可采储量为15.1亿t。矿井设计生产能力1200万t/a，核定生产能力800万t/a，服务年限133.4年。

矿井采用立井多水平开拓方式，工业广场位于井田西侧中部，设计4个开采水平、9个采区；采用长壁式一次采全高综合机械化采煤方法，全部垮落法管理顶板。

7.2.1 地质情况

门克庆煤矿11采区内各煤层赋存形态呈一走向近南北、倾向西的单斜构造，3-1煤层赋存比较稳定、全区可采，煤层倾角1°~3°。区内发育有次一级的波状起伏，其波峰、波谷宽缓。3-1煤层顶板存在2层坚硬厚岩层，其中煤层上部为厚度16.45 m的细砂岩，煤层上部34.8 m处为厚度62 m的中砂岩层（关键层）。顶底板岩层综合特征见表 7 - 1，距 3102 回风巷破坏区域最近的钻孔柱状如图 7 - 1 所示，关键层厚度分布情况如图 7 - 2 所示。

表 7 - 1　3 - 1 煤层顶板底板综合特征表

名称	岩性	厚度/m	岩 性 特 征
老顶	细砂岩	$\dfrac{9.73 \sim 25.70}{18.48}$	灰白色，以石英长石为主，含云母片及暗色岩屑，夹煤线，均匀层理
直接顶	粉砂岩	$\dfrac{0 \sim 8.93}{4.70}$	灰色、致密，含丰富植物化石，水平纹理，平坦状断口，半坚硬
直接底	粉砂岩	$\dfrac{7.30 \sim 13.60}{10.29}$	灰色、块状、厚层状，泥质结构，含云母及植化，水平纹理，参差状断口，半坚硬，局部发育一层厚度 0.3 m 的薄煤层
老底	细砂岩	$\dfrac{17.84 \sim 25.58}{21.90}$	灰白色、巨厚层状，细粒砂状结构，石英、长石为主，含暗色岩屑，夹煤线，均匀层理，半坚硬

7.2.2　工作面开采情况

3101 工作面为 11 盘区第一个采煤工作面，工作面长 260.4 m，平均采高 4.9 m，工作面于 2016 年 10 月 7 日开始回采，截至 4 月 8 日冲击地压发生前已回采 3880 m。3101 工作面生产期间平均日推进 5 ~ 7 m。

3102 工作面为 11 盘区第二个采煤工作面，埋深 677 ~ 707 m，工作面长 300 m，平均采高 4.7 m，工作面推进长度 5539 m。工作面于 2017 年 8 月开始试生产，截至 2018 年 4 月 7 日，已回采 620 m。3102 工作面生产期间平均日推进 3 ~ 4 m。两工作面之间的区段煤柱宽度为 35 m。

7.2.3　3102 工作面回风巷支护情况

（1）永久支护。巷道净宽 5.3 m、净高 3.6 m，一次支护采用锚网索支护方式，顶板为每排 7 根 φ20 mm × 2300 mm 左旋螺纹钢锚杆配合钢筋网支护，间排距 800 mm × 1000 mm；每排 2 根 φ21.8 mm × 6300 mm 锚索，间排距 2400 mm × 2400 mm；煤柱帮为每排 5 根 φ20 mm × 2300 mm 等强螺纹钢锚杆配合钢筋网支护，回采帮为每排 5 根 φ27 mm × 2300 mm 玻璃钢锚杆配合塑料网支护，间排距 800 mm × 1000 mm。钢筋网 φ6.5 mm、网格尺寸 100 mm × 100 mm。

（2）二次补强支护。3101 工作面推过后，进行了二次补强支护。其中，在切眼至 1839 m 区域，顶板采用 φ21.8 mm × 8300 mm 锚索配合 Ω 型钢带支护，每排 4 根，排距 2400 mm；煤柱帮采用 φ22 mm × 2500 mm 左旋螺纹钢锚杆，每排 4 根，排距 1000 mm，并补打 3 根 φ21.8 mm × 4500 mm 锚索，排距 2000 mm；回采帮底部补打 1 根 φ22 mm × 2500 mm 左旋螺纹钢锚杆，中部补打

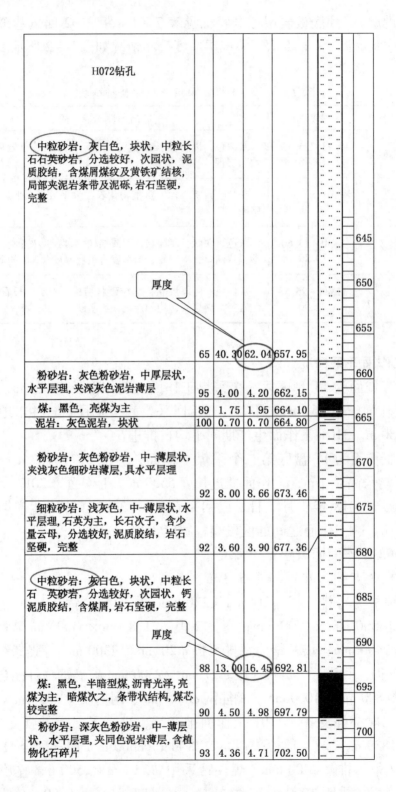

图 7 - 1　3102 回风巷里段钻孔柱状图

1 根 $\phi 21.8$ mm $\times 4500$ mm 锚索。工作面二次支护如图 7-3 所示。

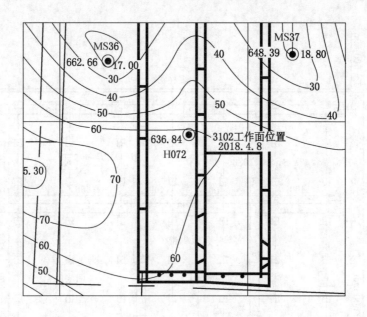

图 7-2 关键层中砂岩厚度分布平面示意图

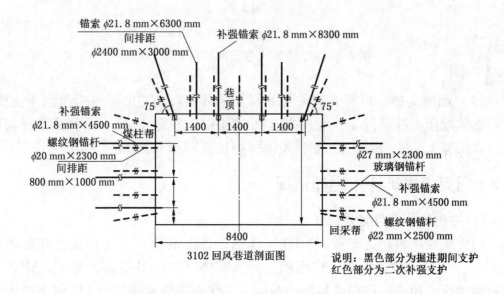

图 7-3 3102 回风巷二次补强支护方案

（3）三次补强支护。随着 3102 工作面推采，回风巷矿压显现明显，受超前应力影响巷道变形加快，随即进行三次补强支护：沿工作面推进方向在顶板补打 3 排锚索配合 Ω 钢带，锚索规格 $\phi 21.8$ mm $\times 10300$ mm，间距 1400 mm，肩角锚索与顶部岩面呈 75°夹角，Ω 钢带为 140 mm $\times 8$ mm $\times 200$ mm。三次支护方案如图 7 - 4 所示。

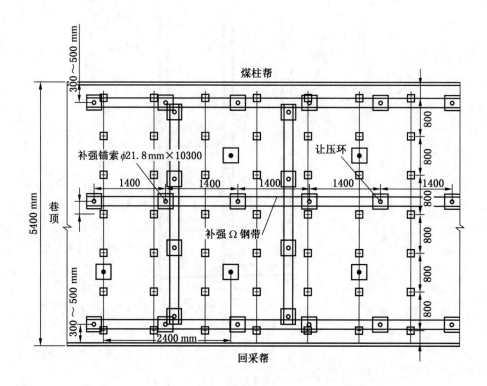

图 7 - 4　3102 回风巷三次补强支护方案

（4）超前支护。超前支护采用木垛和单体液压支柱配合一字梁支护的形式，单体液压支柱靠近生产帮一侧，每排 4 根，排距 1.25 m；木垛靠近煤柱帮，木垛宽 1.5 m，间距 2.5 m，超前支护长度不小于 300 m。

7.3　门克庆煤矿冲击地压情况

7.3.1　冲击地压事件情况

门克庆煤矿属新建矿井，3102 工作面是该矿的第二个工作面。在首采面 3101 工作面开采时，由于工作面两边都为实体，矿压显现较为平稳。3102 工作面回采后，超前工作面区域压力较大，工作面割煤期间超前 120 m 范围内频频有"煤炮"等动力显现。矿压显现情况多集中于超前 40 m 范围内，最大影响范围至超前 380 m。在"4·8"冲击事故前，煤矿已累计发生了 4 次较大的冲击事件，其中比较明显的冲击显现发生于 2018 年 3 月 3 日。微震监测结果为 6.4×10^6 J 能量事件，震源位于 3102 工作面回风巷煤柱上方约 98 m 层位、超前 3102 工作面约 60 m，工作面支架 64～176 号（约 190 m）工作阻力有较明显的台阶上升，支架受力状态向机尾方向逐渐增强。回风巷超前工作面 100～

160 m 范围内个别单体支柱受力压弯、木垛受力歪斜（少数垮塌），该区域巷道支护无大范围破坏。这 4 次较大的冲击事件现场不同程度都出现了鼓帮、顶板下沉、单体损坏、煤块突出、底鼓等情形，具体见表 7-2。

表 7-2　3102 工作面"4·8"事故前较大冲击统计表

时间	推进度/m	矿压显现描述
2017-10-24 中班 17:40	341	超前巷道 40 m 受冲击影响，机尾回风巷煤柱帮超前煤壁 10 m 范围内变形最大，主要集中在巷道煤柱侧顶板与煤帮。该区域煤柱侧 4 排单体冲毁或冲倒；超前煤壁 10~40 m 范围内，巷道煤柱侧 2 排单体冲毁或冲倒。支架压力均值波动较大，呈现锯齿状，出现反弹现象
2017-11-03 中班 23:20	383	煤机割透机尾返刀至 160 架时，发生冲击显现，机尾段冷却水水箱冲歪、消防沙箱移动 0.8 m、电机盖板变形，声响巨大、煤尘扬起；回风巷超前支护段 0~50 m 煤柱侧帮煤体抛出，3 排纵向单体 80% 出现压弯、钻底、挤坏、断裂等损坏现象，0~120 m 顶板下沉最大 0.5 m，底鼓 0.2~1 m，机尾出口宽 4.05 m、高 2 m
2017-12-25 早班 10:30	566	工作面区域无明显破坏，回风巷 720~740 m 范围煤柱侧巷道顶板倾斜，木垛推垮，单体及巷道支护无明显破坏；向里 100 m 范围出现大面积底鼓，因不具备通行条件不清楚该区域的具体破坏情况；事件发生时，地面有震感
2018-03-03 中班 19:11	810	ARANMIS 微震监测系统监测到 6.4×10^6 J 能量事件，震源标高 701 m（煤层顶板上 98 m），事件位于 3102 回风巷煤柱上方，震源超前 3102 工作面推进度约 60 m。 经观测，3102 工作面机尾段煤柱帮及回风巷口无明显变化；期间工作面支架 64~176 号（约 190 m）架范围工作阻力有明显台阶上升，支架受力状态向机尾方向逐渐增强。回风巷超前工作面 120~180 m 范围局部巷中单体支柱受力压弯、木垛受力歪斜（少数垮塌）。该区段巷道主动支护无大范围破坏

7.3.2　冲击地压防治情况

1. 地应力测试结果

矿井委托中国安全生产科学研究院开展了地应力测试，实测地应力数据表明，最大主应力方向为 N~NNE，分布在 0.2°~1.98°范围内，最大主应力为 15.55~36.42 MPa，垂直主应力约 18.20 MPa，见表 7-3。

表 7-3　门克庆煤矿地应力实测结果

测点	σ_1			σ_2			σ_3		
	数值/MPa	方向/(°)	倾角/(°)	数值/MPa	方向/(°)	倾角/(°)	数值/MPa	方向/(°)	倾角/(°)
1 号	36.42	1.70	-4.86	14.04	88.53	33.01	10.26	99.09	-56.54
2 号	26.19	1.33	-5.17	9.82	87.59	35.81	6.74	98.40	-53.70
3 号	30.30	-178.02	-30.10	11.11	-109.25	31.98	7.39	-55.09	-43.16
4 号	15.55	-1.21	31.47	6.93	-167.49	57.79	2.08	-87.41	-6.19

表 7 - 3（续）

测点	σ_1			σ_2			σ_3		
	数值/MPa	方向/(°)	倾角/(°)	数值/MPa	方向/(°)	倾角/(°)	数值/MPa	方向/(°)	倾角/(°)
5 号	32. 37	0. 20	-29. 84	8. 16	100. 62	-17. 50	7. 39	36. 80	54. 46
6 号	20. 04	1. 07	-30. 50	7. 12	115. 06	-34. 62	6. 21	61. 01	40. 38
7 号	25. 52	-179. 73	-5. 77	18. 20	-171. 35	84. 17	14. 10	-89. 64	-0. 84

2. 煤岩冲击倾向性鉴定结果

门克庆煤矿委托煤科总院安全检测中心对 3 - 1 煤及其顶底板进行了冲击倾向性鉴定，鉴定结果：3 - 1 煤层具有强冲击倾向性，顶、底板岩层具有弱冲击倾向性。

根据门克庆煤矿 3 - 1 煤层煤、岩冲击倾向性检测报告显示，该矿 3 - 1 煤层冲击倾向性各项指数的测定结果见表 7 - 4。由数据可以看出，3 - 1 煤层单轴抗压强度达到 53. 56 MPa，弹性能指数为 8. 84，远大于强冲击临界指标，而冲击能指数虽然处于弱冲击范围，但其结果也基本处于弱冲击与强冲击临界范围，因此综合评定 3 - 1 煤层冲击倾向性较高，诱发冲击显现时，动载与静载叠加后所需达到应力值较小。

表 7 - 4　3 - 1 煤层冲击倾向性实验室试验结果

动态破坏时间 D_T/ms	冲击能指数 K_E	弹性能指数 W_{ET}	单轴抗压强度 R_c/MPa
53. 4	4. 33	8. 84	53. 56

门克庆煤矿 3 - 1 煤层煤、岩冲击倾向性检测报告显示：该矿 3 - 1 煤层顶板岩层的弯曲能量指数为 48. 101 kJ，3 - 1 煤层底板岩层的弯曲能量指数为 25. 769，依据顶板冲击倾向性分类指数（表 7 - 5），处于弱冲击与强冲击的临界范围，综合判定 3 - 1 煤层顶板岩层冲击危险性较高。3 - 1 煤层顶、底板岩层弯曲能量指数见表 7 - 6、表 7 - 7。

表 7 - 5　顶板冲击倾向性分类、名称及分类指数

类　别	Ⅰ　类	Ⅱ　类	Ⅲ　类
冲击倾向	无	弱	强
弯曲能量指数/kJ	$U_{WQ} \leqslant 15$	$15 < U_{WQ} \leqslant 120$	$U_{WQ} > 120$

表 7-6 门克庆煤矿 3-1 煤层顶板岩层弯曲能量指数

岩层	岩性	层度/m	上覆岩层载荷/MPa	弹性模量/GPa	密度/(kg·m⁻³)	单轴抗拉强度/MPa	弯曲能量指数/kJ
顶 3	中粒砂岩	8.80	0.201	14.744	2332.90	2.550	12.481
顶 2	粉砂岩	4.00	0.095	12.418	2419.02	2.422	3.916
顶 1	砂纸泥岩	16.00	0.522	10.844	2495.39	2.484	31.704
合　计							48.101

表 7-7 门克庆煤矿 3-1 煤层底板岩层弯曲能量指数

岩层	岩性	层度/m	上覆岩层载荷/MPa	弹性模量/GPa	密度/(kg·m⁻³)	单轴抗拉强度/MPa	弯曲能量指数/kJ
底板	砂纸泥岩	10.30	0.245	10.319	2430.88	2.711	25.769

3. 冲击危险性评价结果

门克庆煤矿委托中国安全生产科学研究院进行了 3102 工作面冲击危险性评价与防治技术的研究，划分了 3102 工作面冲击危险区，给出了相应的防治技术。由评定的工作面地质因素及开采技术因素影响的冲击危险综合指数，判定 11-3102 工作面回采期间冲击危险等级，见表 7-8。

表 7-8 冲击地压危险指数及等级综合评估

序号	影响因素	评估指数 (W_{t1}, W_{t2})	综合评估指数 $W_t = \max(W_{t1}, W_{t2})$	冲击地压危险等级
1	地质因素	0.71	0.71	中等冲击危险
2	开采技术因素	0.33		

4. 冲击地压监测系统

门克庆煤矿已于 2018 年 1 月完成了 AREMIS 微震监测系统的安装，并开始运行。同时在 3102 工作面回风巷超前 300~1300 m 区域开始安装煤体应力在线监测预警设备作为冲击危险的判别手段。

7.4　2018 年 "4·8" 冲击地压事故分析

7.4.1　事故工作面概况

事件导致工作面机尾回风巷口变形严重、出口堵塞，机尾 4 台端头支架前大量煤体堆积，机尾底板鼓起约 1.5 m；3102 回风巷超前工作面 90 m 区段单体受损，局部木垛摧垮，煤体抛出，巷道堵塞。此次冲击事件由于现场人员管控得当，未造成人员受伤，但使通风系统受阻，工作面被迫停产。冲击破坏位置如图 7-5 所示。

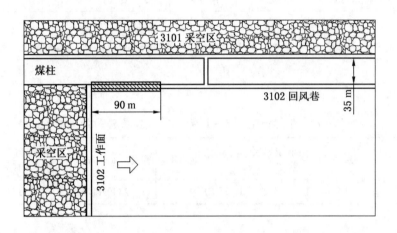

▨—矿压显现区域（部分单体压弯、部分木垛倾倒，煤柱帮局部煤体溃出。
靠近工作面 40 m 范围底鼓，最大底鼓量约 1.2 m。）

图 7-5　3102 回风巷冲击地压显现区域分布平面示意图

发生本次冲击地压的 3102 工作面为 11 盘区第二个采煤工作面，紧邻 3101 工作面东侧，埋深 677～707 m，煤层倾角为 1°～4°，平均采高 4.7 m。"4·8"冲击地压发生前，累计回采 932 m，剩余 4607 m。对照震源区域地质钻孔（H072）可知，煤层上方 34.8 m 对应的岩层为中粒砂岩，平均厚度 62 m。

（1）3102 工作面早班停机检修，事件发生时工作面内人员感受到巨大"煤炮"（主运巷人员感受在站位上方），工作面及机头人员未感受到冲击气流；事件发生后机尾 172～175 号支架散煤堆积，接近支架顶梁，散煤多从回风巷煤柱推出；架前回风巷巷口顶煤离层约 0.2 m，处于锚索悬吊状态，回风巷巷口断面明显缩小。

（2）3102 回风巷作业人员感受为闷响煤炮及两次连续气流冲出，随后风流中粉尘浓度增加；超前 300 m 处事件发生时，顶板支护锚索外露端有摩擦火光。

（3）3102 回风巷冲击显现后，风量由早班 2049 m³/min 变为事件后 419 m³/min。

7.4.2　事故发生经过

2018 年 4 月 8 日早班 12:59:51，当 3102 工作面累计推进 932 m 时，工作面回风巷发生事件能量为 3.3×10⁷ J 的冲击地压，破坏位置位于 3102 工作面前方约 150 m，9 联巷前约 10 m。经微震监测系统定位，震源位置标高 675 m，即煤层顶板上方约71 m处，如图7-6所示。

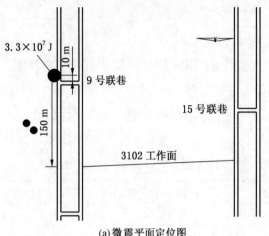

(a) 微震平面定位图

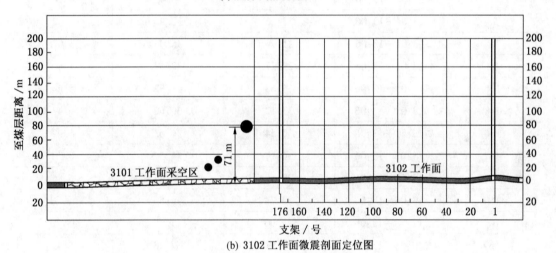

(b) 3102 工作面微震剖面定位图

图7-6　3102工作面大能量微震事件系统监测图

7.4.3　事故发生后勘察及应急处置情况

（1）事件发生后矿方立即启动应急处置程序，组织人员自工作面及回风巷安全撤离，切断隐患区域电源；启用主运巷备用风机，准备回风巷局部供风物资；加强冲击监控系统巡检频率，及时通报矿压变化情况。

（2）经现场勘察，事件影响区域主要集中在3102工作面机尾及回风巷区段，172～175号支架因煤柱鼓出，散煤积满支架立柱；自机尾至超前90 m区段单体、木垛推垮，支护破坏，巷道变形；外段至超前300 m范围内支护相对完好，局部支护歪斜。

（3）矿区地表震感清晰。中国地震台网发布正式测定信息：2018年4月

8 日 12:59 在内蒙古鄂尔多斯市乌审旗（塌陷）（北纬 38.95°，东经 109.42°）发生 2.5 级地震，震源深度 0 km。经地表勘察，震源区域无塌陷痕迹。

7.4.4　矿压监测情况

1. 支架工作阻力监测

该微震事件发生时，工作面 28～174 号架工作阻力有明显台阶上升，支架受力状态向机尾方向逐渐增强，164 号支架增阻最明显，变化值为 17.72 MPa。支架工作阻力变化见表 7-9，变化曲线如图 7-7 所示。

表 7-9　工作面支架压力台阶上升变化表

支架编号/号	时间	震前压力/MPa	震后压力/MPa	变化值/MPa
28	12:59—13:06	37.24	40.27	3.03
40	13:02—13:06	36.27	40.45	4.18
58	13:04—13:06	31.26	33.28	2.02
70	13:05—13:06	31.96	35.03	3.07
82	13:03—13:06	29.27	33.67	4.40
106	13:05—13:06	35.68	41.52	5.84
118	13:02—13:06	33.17	39.60	6.43
130	12:59—13:06	30.54	36.63	6.09
142	13:01—13:06	36.17	44.37	8.20
154	12:58—13:06	28.58	35.43	6.85
160	13:06—13:06	33.78	44.59	10.81
164	12:58—13:06	23.96	41.68	17.72
169	12:58—13:06	28.91	37.38	8.47
172	13:04—13:06	30.75	40.96	10.21
174	12:58—13:06	22.88	34.71	11.83

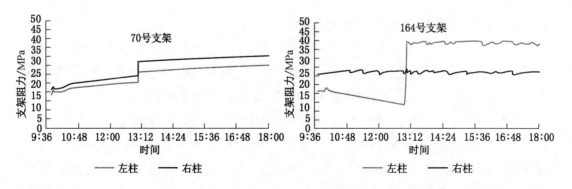

图 7-7　3102 工作面支架工作阻力变化曲线

工作面来压范围较大，为 257.25 m。我们推测，这是由于工作面前方大范围上覆岩层破断引起的。

2. 煤体应力在线监测

事件发生时，3102 回风巷煤体应力在线监测煤柱帮 1 号、6 号测点应力值发生变化：1 号点布置于超前工作面 276 m 处，浅基点应力上升 2.5 MPa；6 号点布置于超前工作面 396 m 处，深基点应力上升 0.8 MPa；其余区域无对应变化关系。回风巷煤柱应力变化曲线如图 7－8 所示。

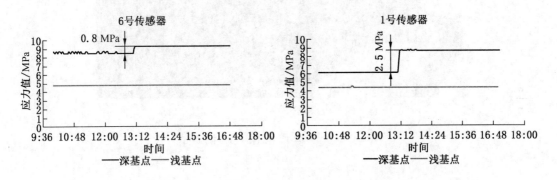

图 7－8　3102 回风巷煤柱帮应力变化曲线

3. 巷道矿压显现情况

3102 工作面回风巷自 9 号联巷（超前工作面 133 m）里 20 m 开始单体压弯、木垛推垮、支护破坏、巷道变形，向工作面方向显现情况依次加重，推测回风巷破坏范围主要集中在机尾超前 90 m 区段。该区域出现支护破坏、帮部煤体抛出、底板鼓起、巷道堵塞现象（最里 25 m 范围基本闭口，生产帮肩窝有部分空间）。3102 工作面回风巷破坏情况如图 7－9 和图 7－10 所示。

7.4.5　事故原因分析

通过对门克庆煤矿"4·8"冲击地压事故进行分析，我们认为发生冲击地压的主要原因包括：

（1）门克庆煤矿 3102 工作面埋深 677～707 m，原岩应力高；工作面上方 35 m 存在厚度超过 60 m 的中粒砂岩，易释放大能量震动；3－1 煤层具有强冲击倾向性，顶底板岩层具有弱冲击倾向性，具备发生冲击地压的可能性。

（2）3102 工作面与 3101 工作面区段煤柱宽度 35 m，属承载煤柱；煤柱集中应力与采空区侧向应力相互叠加，造成 3102 回风巷处于高应力状态；大量联络巷又对煤柱造成切割破坏，煤柱内应力再次重新分布，极易形成局部高应力。

图 7 - 9　3102 回风巷口破坏情况

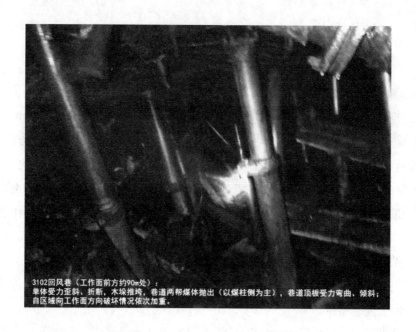

图 7 - 10　3102 回风巷（工作面前方约 90 m 处）破坏情况

（3）门克庆煤矿对冲击地压认识不足，顶板处理、支护形式、支护方式等措施实施不到位。

综合分析认为，本次冲击地压事件为由坚硬顶底板运动诱发的多因素复合型冲击地压事件。

7.5 问题与解答：在神东矿区普遍使用的区段大煤柱双巷掘进工艺，是否适用于鄂尔多斯矿区深部冲击地压矿井

《煤矿安全规程》第二百三十一条第五项规定："**冲击地压矿井巷道布置与采掘作业应当遵守下列规定：……（五）对冲击地压煤层，应当根据顶底板岩性适当加大掘进巷道宽度。应当优先选择无煤柱护巷工艺，采用大煤柱护巷时应当避开应力集中区，严禁留大煤柱影响邻近层开采。巷道严禁采用刚性支护**"。

《防治煤矿冲击地压细则》第三十三条规定："**对冲击地压煤层，应当根据顶底板岩性适当加大掘进巷道宽度。应当优先选择无煤柱护巷工艺，采用大煤柱护巷时应当避开应力集中区，严禁留大煤柱影响邻近层开采。**"

这些规定都是落实冲击地压防治"区域先行"的具体要求，也是冲击地压从设计入手，避免人为增加冲击危险的具体措施。

神东矿区属于鄂尔多斯盆地浅部矿区，采深多在 400 m 以上，地质条件相对简单；为保证矿井高产高效需要，多采用在煤层中布置大巷，采用联采机或掘锚一体机等大型掘进机械进行双巷掘进，施工速度快，效率高。随着浅埋深资源开发殆尽，很多煤矿都不得不将矿井延伸或直接建设于深埋区。位于鄂尔多斯市乌审旗境内的门克庆、母杜柴登等矿井采深已达 700 m 以上，各矿井进入深部采区后初期仍普遍采用神东浅部开采应用非常成熟的"双巷同时快速掘进"模式，综合机械化工作面回采，希望实现安全高效的生产。但工作面超前区域巷道经常出现强矿压显现，导致单体支护基本被破坏，部分甚至不能进人。

神东矿区采用联采机双巷快速掘进，而且效果比较好。这是由于其矿井采深相对较浅，两帮煤体整体性较好，巷帮支护强度要求比较低，一般每侧巷帮几根锚杆即可满足生产要求，有的甚至不进行支护。这种方式对采深较大、特别是对两帮支护强度要求很高的情况未必适合。掘进迎头往往得不到及时支护，在巷道应力比较大的区域，经常出现顶板下沉、片帮现象，增大了危险因素。例如，门克庆煤矿 3101 工作面一次支护采用锚网索支护方式，顶板为每排 7 根 $\phi 20$ mm × 2300 mm 左旋螺纹钢锚杆配合钢筋网支护，间排距 800 mm × 1000 mm；每排 2 根 $\phi 21.8$ mm × 6300 mm 锚索，间排距 2400 mm × 2400 mm；煤柱帮为每排 5 根 $\phi 20$ mm × 2300 mm 等强螺纹钢锚杆配合钢筋网支护；回采帮为每排 5 根 $\phi 27$ mm × 2300 mm 玻璃钢锚杆配合塑料网支护，间排距 800 mm × 1000 mm。钢筋网 $\phi 6.5$ mm、网格尺寸 100 mm × 100 mm。锚杆长度大，锚杆支护作业所需时间长。由于掘锚机组机体宽度较大，其截割滚筒宽度几乎等于巷

道宽度，因此很难在机组前方或机组两侧进行锚杆索打眼安装操作。此外，掘锚机组截割与支护同步进行，机组随时处在移动状态，机组两侧根本不可能允许人员停留，锚杆索施工只能在掘锚机组后方进行。掘锚机组机身长度约 11 m，加上与后配套运输系统的搭接长度以及必要的安全距离等，锚杆索施工至少要在迎头 15 m 以外进行。依据矿井许多冒顶案例的统计分析，距迎头 15 m 的范围为巷道开挖后围岩活动最活跃的阶段，最容易发生冒顶。

与鄂尔多斯浅部煤层相比，深部煤层的赋存条件已发生根本性改变，带来的开采条件也有很大的区别。例如，门克庆煤矿 3102 工作面，埋深 677 ~ 707 m，原岩应力高；3102 工作面煤层具有强冲击倾向性，顶底板岩层具有弱冲击倾向性；工作面中高位存在坚硬厚岩层，上方 34.8 m 厚度达 62 m 的关键层中砂岩破坏易释放大能量震动。这种煤层赋存条件和神东矿区的浅埋深有很大区别。3101 工作面开采后在采空区四周形成侧向高应力区，但 3101 工作面开采期间却没有对顶板岩层进行人工处理。且 3102 与 3101 工作面区段煤柱宽度 35 m，属承载煤柱。当 3102 工作面开采时，煤柱集中应力与采空区侧向应力相互叠加，造成 3102 回风巷处于高应力状态，当中高位关键层破坏释放能量时，进一步增大了超前巷道松动圈破碎围岩发生失稳的可能性，是诱发 3102 工作面回风巷冲击地压显现的直接原因。变形严重，需要经常维修。而工作面进行冲击地压防治工作，需要卸压工程，这些工程反倒影响了工作面安全高效生产，一井一面或一井两面难以达到矿井设计产量。

在双巷掘进过程中，地层原始结构受到破坏，煤岩体原岩应力要经历掘进影响阶段、掘进影响稳定阶段、一次采动影响阶段、一次采动影响稳定阶段及二次采动影响阶段等过程。顶板随着这个过程不断地重复稳定、失稳、稳定、失稳的过程，使原岩应力在这个运动过程中不停地变换调整，分布复杂。双巷间煤柱宽度一般 25 ~ 30 m，长期存在一定的弹性区，具有一定的承载能力，应力集中于煤柱中部。双巷施工工艺必然额外开挖大量联络巷，对煤柱造成人为切割，使煤柱内应力再次重新分布，极易形成局部高应力。实践证明：巷道中的联巷口附近多是冲击地压发生的强冲击危险区域。

鄂尔多斯矿区冲击地压矿井在大煤柱工作面曾发生过多次冲击显现：例如，巴彦高勒煤矿开采 3 - 1 煤层 31102 和 31103 工作面，埋深 620 m 左右，都曾在受二次采动影响巷道超前工作面应力区发生过较严重的巷道矿压短时间内的剧烈释放现象；门克庆煤矿在 3102 工作面回采中，当工作面回采至 162 m 时，回风巷受二次采动影响，超前工作面区域出现了第一次冲击地压，导致支架顶梁前顶板自回风巷延伸进入工作面，出现巨大裂缝，宽度达 20 mm、长度达 10 m，且台阶下沉，回风巷单体压弯、串缸超过 16 根，两帮鼓出普遍超

0.3 m，多处肩窝顶板出现下沉、破坏。以后该矿工作面每推进20～50 m就会有1次冲击地压显现，伴随巨大响声，造成回风巷超前100 m区域顶板破裂、下沉，多处锚杆及锚索失效，底板鼓起超1.0 m，两帮鼓出基本将靠帮单体全部折损，且越靠近工作面越严重。

因此，根据神东经验采用联采机双巷快速掘进工艺并不适合本区域。

与大煤柱难以破坏、持续蓄能相比，小煤柱顶板渐进缓降，矿压相对温和，相邻采空区易导通形成大采空区，关键岩层易断易垮，在冲击地压防治上有积极效果。因为小煤柱沿空巷道的掘进位置处于支承压力相对较小的低应力区，故巷道掘进对其上覆煤岩层的扰动并不会破坏到大结构的稳定，对巷道及煤柱的稳定都是极为有利的。本区域的其他冲击地压矿井，工况条件相对比较相似的两个工作面，采用小煤柱布置和原来的双巷布置工作面对比：采用同样的顶板处置措施，工作面的每米进度释放总能量、大能量事件占比都有明显下降。

《关于加强煤矿冲击地压防治工作的通知》（煤安监技装〔2019〕21号）第3条明确要求：严格执行主动防冲措施。冲击地压矿井应当严格执行《煤矿安全规程》第二百三十一条关于巷道布置和采掘作业的规定，合理安排采掘接续。采深超过400 m的无冲击地压煤层的矿井，在煤层和工作面采掘顺序、巷道布置与支护、煤柱留设、采掘作业等设计时，应当避免应力集中，防止不合理开采导致冲击地压事故发生。

7.6　关于"4·8"冲击地压事故的思考与建议

1. 采煤工作面必须加大上下出口和巷道的超前支护范围和强度

门克庆煤矿3102工作面回风巷超前支护冲击前采用单体液压支柱和木垛配合的一字梁支护。单体液压支柱靠近生产帮一侧，每排4根，排距1.25 m；木垛靠近煤柱帮，木垛宽1.5 m，中到中间距2.5 m，超前支护长度300 m。这样的巷道支护整体强度是不低的，在没有冲击地压的条件下，应该能够起到良好的支护作用；但这样的支护强度是否能有效抵抗冲击危险，还需要实践检验。

《煤矿安全规程》第二百四十四条："**冲击地压危险区域的巷道必须加强支护，采煤工作面必须加大上下出口和巷道的超前支护范围和强度。严重冲击地压危险区域，必须采取防底鼓措施。**"

《防治煤矿冲击地压细则》第八十条："**冲击地压危险区域的巷道必须采取加强支护措施，采煤工作面必须加大上下出口和巷道的超前支护范围与强度，并在作业规程或专项措施中规定。加强支护可采用单体液压支柱、门式支**

架、垛式支架、自移式支架等。采用单体液压支柱加强支护时，**必须采取防倒措施。**"

实践证明：冲击地压巷道超前支护，必须采用高支护工作阻力、有一定抵抗侧向推力的抗冲击支护形式，才能取得真正的加强支护效果。

冲击地压发生时，冲击波和地震波类似，由纵波和横波组成。因此，巷道内的支护体不仅受到垂直方向的压力，还会受到侧向推力的影响。同时，冲击发生时，巷道围岩处于振动环境下，锚网索支护不仅受到高静载的影响，还受到高频动载破坏。

虽然门克庆煤矿 3102 工作面巷道的一次支护强度比较大，但没有基于冲击地压冲击振动条件下相应的抗冲击支护设计。其采用的木垛加单体柱超前支护方案，在静态环境下有一定的垂向支撑能力，但抗侧向推力的破坏能力很弱。在大的冲击地压发生、围岩振动条件下，支护体系很容易破坏。

因此，门克庆煤矿"4·8"冲击地压发生时，出现了单体柱倾斜、折断、木垛摧垮等现象，巷道变形严重，原有的加强支护措施根本起不到应有的防冲支护效果。

同样，2011 年河南义马千秋煤矿的"11·3"冲击地压事故，虽然冲击发生巷道采用了大量的利用液压支架大立柱制作的防冲立柱，支护强度比较大，但立柱的抗侧向推力能力较弱，在冲击震动条件下大部分都发生了倾倒，没有起到应有的抗冲击支护效果；2019 年吉林龙家堡煤矿的冲击地压事故，也出现了防冲单元支架倾倒，失去防冲支护效果的现象，如图 7–11 所示。

图 7–11　义马煤业千秋煤矿"11·3"事故后单体防冲支架倾倒情况

《关于加强煤矿冲击地压防治工作的通知》（煤安监技装〔2019〕21 号）第 5 条明确规定："**具有冲击危险的采煤工作面安全出口与巷道连接处超前支**

护范围不得小于 70 米，综采放顶煤工作面或具有中等及以上冲击危险区域的采煤工作面安全出口与巷道连接处超前支护范围不得小于 120 米，超前支护优先采用液压支架。煤巷掘进工作面后方具有中等及以上冲击危险的区域应当再采用可缩支架加强支护。"这些都是对冲击地压采煤和推进工作面超前动载影响区域的详细要求。

需要说明的是，以上第 5 条规定应是最低的要求。矿井应根据本矿条件和工作面的具体情况，按照"一矿一策，一面一策"的理念，科学分析本工作面的超前动载影响范围。本工作面的超前支护范围应大于超前动载影响范围，保证拆移安设防冲支架的工作人员以及在此区域施工的其他人员的安全。

2. 冲击地压作业区域必须严格执行冲击危险区限员管理制度

门克庆"4·8"冲击地压事故导致工作面机尾回风巷口变形严重、出口堵塞，机尾 4 台端头支架前大量煤体堆积，机尾底板鼓起约 1.5 m；3102 回风巷超前工作面 90 m 区段单体受损、木垛局部摧垮、煤体抛出、巷道堵塞。但此次冲击事件由于现场人员管控得当，未造成人员受伤。可见严格执行冲击危险区限员管理制度对于避免冲击地压事故导致的现场作业人员群死群伤极为重要。

《防治煤矿冲击地压细则》第七十六条规定："人员进入冲击地压危险区域时必须严格执行'人员准入制度'。'人员准入制度'必须明确规定人员进入的时间、区域和人数，井下现场设立管理站。"《关于加强煤矿冲击地压防治工作的通知》（煤安监技装〔2019〕21 号）第 8 条规定："冲击地压矿井应当建立冲击危险区限员制度，实行挂牌限员管理，采煤和掘进作业规程中应当明确规定人员进入的时间、区域和人数。冲击地压煤层的掘进工作面 200 米范围内进入人员不得超过 9 人，回采工作面及两巷超前支护范围内进入人员生产班不得超过 16 人、检修班不得超过 40 人。大力推广应用采煤工作面智能化开采技术和掘进工作面远距离操控掘进技术。"这些都是对冲击地压危险区域限员管理的详细要求。

3. 复合灾害冲击地压矿井必须严格制定防治冲击地压、煤与瓦斯突出、瓦斯异常涌出等复合灾害的综合技术措施及管理制度

门克庆"4·8"冲击地压事故发生期间，3102 回风巷作业人员感受到闷响煤炮及两次连续气流的冲出，随后风流中粉尘浓度增加；超前 300 m 处事件发生时顶板支护锚索外露端有摩擦火光。可见，冲击地压事故会导致支护锁具崩断、设备倾倒等，可能产生火花。对于具有冲击地压危险的高瓦斯、煤与瓦斯突出矿井，因冲击地压产生的火花可能造成煤尘、瓦斯燃烧或爆炸等次生灾害。

《防治煤矿冲击地压细则》第三十九条规定："具有冲击地压危险的高瓦斯、煤与瓦斯突出矿井，应当根据本矿井条件，综合考虑制定防治冲击地压、煤与瓦斯突出、瓦斯异常涌出等复合灾害的综合技术措施，强化瓦斯抽采和卸压措施。

　　具有冲击地压危险的高瓦斯矿井，采煤工作面进风巷（距工作面不大于10 m 处）应当设置甲烷传感器，其报警、断电、复电浓度和断电范围同突出矿井采煤工作面进风巷甲烷传感器。"

　　第四十一条规定："冲击地压矿井必须制定避免因冲击地压产生火花造成煤尘、瓦斯燃烧或爆炸等事故的专项措施。"

　　这些都是对复合灾害冲击地压矿井灾害协同治理的要求。因此，复合灾害冲击地压矿井必须严格制定防治冲击地压、煤与瓦斯突出、瓦斯异常涌出等复合灾害的综合技术措施和管理制度。

8　峻德煤矿 "3·15" 冲击地压事故

8.1　事故概况

2013 年 3 月 15 日 5:20，黑龙江省龙煤集团峻德煤矿（以下简称峻德煤矿）北 17 层三四区一段工作面发生冲击地压事故，造成 4 人死亡。

国家地震台网发布 3 月 15 日 5:17 峻德矿区西部 5 km、深度 7 km 发生 2.4 级地震，造成工作面突然发生冲击地压。地震引发冲击地压是事故发生的直接原因。

8.2　矿井概况

峻德煤矿位于黑龙江省鹤岗市区南端，行政区划隶属于鹤岗市兴安区。井田地理坐标：130°13′54″~130°17′13″，北纬 47°09′16″~47°12′48″。矿区西部有鹤岗市至佳木斯和双鸭山的鹤大公路，东部也有哈罗公路，最后与鹤大公路相连。峻德煤矿 1975 年 8 月建矿，1981 年 11 月投产，核定生产能力 400 万 t/a。矿井南北走向 5.6 km，东西倾斜 3.6 km，面积 20.16 km^2。矿井开采标高为 20.14 ~ -619.85 m，可采煤层 23 个，总厚度 51 m。煤种为气煤和肥气煤。矿井一期工程设计年产量 150 万 t，二期工程投产后，核定生产能力 300 万 t。矿井二、三水平同时生产，开拓方式为立井分区式集中运输巷分区石门布置，通风方式为对角式。2001 年，矿井被定为高瓦斯矿井，2010 年升级为突出矿井。矿井水、火、瓦斯、煤尘、煤与瓦斯突出、冲击地压等灾害严重。全矿有 3 个综合机械化采煤队、15 个开拓掘进队和 10 个回采掘进队。

峻德煤矿北 17 层三四区一段工作面开采三水平北 17 层三四区一段一分层，工作面走向长 1637 m，倾斜长 168 m。该工作面上部是二水平北 17 层三段采空区，区域北部留有分区煤柱一处，下部未开采。工作面上覆邻层为 11 层煤，层间距 117 ~ 191 m；下邻层为 21 层煤，层间距 95 ~ 126 m。二水平北 11 层三四区三段工作面于 2009 年回采完毕。工作面中部正上方有一、二水平 9 层煤遗留的孤岛煤柱三处。

8.3 峻德煤矿冲击地压情况

8.3.1 冲击地压事故情况

自 2010 年以来，峻德煤矿综采一区三水平北 17 层三四区一段一分层综采工作面巷道掘进及回采期间共发生过 10 次冲击地压，见表 8-1 和表 8-2。为此，峻德煤矿于 2011 年 12 月委托中国矿业大学对煤矿 17 层煤层做了冲击倾向性测试。测试结果：17 号煤层顶板岩石具有强冲击倾向性，煤层具有强冲击倾向性。

表 8-1　三水平北 17 层三四区一段回风道（掘进期间）冲击地压情况表

序号	时间	释放能量及地震等级	显现程度	冲击后补充治理措施
1	2010 年 11 月 17 日	9.1×10^4 J 1.2 级	（1）回风道 65 m 范围内上帮两处变形，移近量 0.1～0.4 m，底鼓 0.3～0.7 m。 （2）上帮下部一根锚索索具脱落。 （3）吊挂上帮下部的水管被甩至巷道中部	（1）巷道大断面掘进。 （2）回风巷进行上段顶板预裂爆破。 （3）煤层卸压爆破。 （4）煤层注水
2	2011 年 1 月 11 日	2.06×10^5 J 1.8 级	（1）回风道 57 m 范围内上帮变形移进 0.3～1.3 m，底鼓 1.2～1.8 m。 （2）上帮有 3 根锚索折断。 （3）带式输送机架子变形、受损严重	（1）锚索改为 ϕ22 mm 的钢绞线，深度不低于 6.0 m。 （2）锚杆改为 ϕ22（长 2500 mm）高强度、高韧性、抗剪切树脂锚杆。 （3）巷道顶板及底板铺设双层钢筋网
3	2011 年 5 月 2 日	1.69×10^7 J 2.86 级	回风道迎头后 35 m 范围，上帮移进 0.2～0.9 m，底鼓 0.6 m	施工回风巷上、下帮及底板大孔径煤层卸压钻孔
4	2011 年 7 月 3 日	1.76×10^5 J 1.81 级	（1）回风道迎头后 15 m 范围，底鼓 0.5～1 m。 （2）巷道上帮、下帮、顶板无变化	（1）回风巷限员，闲杂人员不得逗留。 （2）施工顶板高位巷
5	2011 年 12 月 31 日	3.08×10^5 J 1.94 级	（1）回风道 65 m 范围内上帮有两处变形。 （2）上帮下部有一根锚索的索具脱落，吊挂上帮下部的水管被甩至巷道中部。 （3）北部回风道独头壁上的喷碹物经震动整体脱落	北部回风巷禁入

表 8-2　三水平北 17 层三四区一段（回采期间）冲击地压情况表

序号	时间	释放能量及地震等级	显现程度	冲击后补充治理措施
1	2012 年 8 月 30 日	2.2×10^3 J 0.81 级	（1）回风道超前 36 m 外共 49 m 区域发生冲击。 （2）上帮移进 1.0~1.2 m。 （3）上帮侧底鼓 0.5~0.6 m	（1）超前切眼 139 m 频繁冲击区域又进行了煤层大孔径二次卸压。 （2）机道进行走向顶板预裂爆破
2	2013 年 1 月 9 日	1.26×10^5 J 1.74 级	（1）回风道超前 45 m 范围内巷道底鼓 0.3~0.7 m，上帮移近 0.2~0.3 m。 （2）上出口工作面刮板输送机尾鼓起 1 m。 （3）工作面 65~96 组支架间底鼓 0.2~1 m。 （4）工作面硬帮片帮 0.3~0.5 m	（1）对上段区间煤柱区域进行了 3 次治理。 （2）机道进行倾向顶板预裂爆破
3	2013 年 1 月 21 日	8.21×10^6 J 2.69 级	（1）回风道超前 72 m 范围内底鼓 0.3~1.2 m，两帮移近 0.2~0.5 m。 （2）超前 58 m 上帮码放单体向下帮倾斜散落，铁道挤至下帮。 （3）超前 55 m 绞车贴至顶板，停产 5 天	在 -250 m 运输巷施工风道底板预裂爆破钻孔
4	2013 年 2 月 1 日	3.67×10^4 J 1.45 级	（1）工作面 43~57 组支架护帮板、油缸变形损坏，5 组支架油缸损坏。 （2）30~75 组支架范围内硬帮片帮 0.5~2 m。 （3）工作面刮板输送机鼓起 0.3~1 m 停产 1 天	（1）风道超前工作面进行下帮、底板煤层卸压爆破。 （2）风道超前工作面上帮施工煤层大孔径卸压钻孔
5	2013 年 3 月 15 日	9.36×10^4 J 1.67 级	（1）工作面上出口硬帮侧合严，回风道超前 50 m 合严，铁轨变形，JD-40 绞车掀至巷道中间。 （2）机道超前 60 m 合严，机道超前 120 m，两个 2300 型钻机被掀翻。 （3）共计造成 4 名矿工遇难	

8.3.2　冲击地压防治情况

2004 年至今，峻德煤矿多次发生冲击地压，并且全部发生在北三四区，其中以 17 层煤冲击次数最多。峻德煤矿主要采取以下 5 个方面措施对冲击地压灾害进行防治。

1. 细化分工、成立专门防冲机构

矿成立防冲办和防冲钻机队 2 个专业防冲监测及治理单位。防冲钻机队共计 57 人，以防冲治理工程为主；防冲办共计 18 人，以技术管理、监测预警为主。矿设防冲副总一人，专门从事防冲业务管理工作。

2. 优化设计、从源头入手

冲击地压灾害防治要从设计源头入手，只有合理的设计才能从根本上治理好冲击地压。

（1）合理布置采掘工作面，减少人为造成的高应力集中区，尽量采用小煤柱、无煤柱、负煤柱的布置方式，使工作面在低应力区进行采掘活动；开采时按照自上向下的顺序进行开采，避免人为造成孤岛工作面，合理开采保护层。

（2）主要运输大巷、硐室布置在岩石中，避免巷道、硐室人为布置在应力集中区内。

（3）工作面掘进时不得留设底煤，留有底煤的必须进行治理；厚煤层采用放顶煤一次采全高的回采工艺进行开采。

3. 冲击倾向性、冲击危险性评价情况

按照要求编制矿井防冲设计、区域防冲设计、工作面防冲设计，对全矿各工作面均进行冲击危险性评价，已对 11 个已开采煤层进行煤层顶底板冲击倾向性鉴定。

（1）冲击倾向性鉴定情况。矿方对 3、9、11、12、17、21、22、23、26、28、30、33 层煤及其顶底板开展了冲击倾向性鉴定。经中国矿业大学鉴定：峻德煤矿 17 层煤顶板和煤层均具有强冲击倾向性；3、21、30、33 层煤顶板具有强冲击倾向性，煤层具有弱冲击倾向性；9、11、22、23 层煤顶板和煤层均具有弱冲击倾向性。经北京天地科技股份有限公司、龙煤瓦斯研究院鉴定：26、28 层煤顶板和煤层具有弱冲击倾向性；12 层煤具有弱冲击倾向性，顶板无冲击倾向性；12、21、23、26、28、33 层煤底板无冲击倾向性，17 层煤底板具有弱冲击倾向性。

（2）区域冲击危险性评价。峻德煤矿冲击地压多发生在北三四区，以 31、17 层煤尤为严重。分析原因：该区域处在 F、L_1、F_I 大断层之间，地应力较大，31、17 层煤体本身具有强冲击倾向性，顶板存在坚硬岩层，并且受上层遗留煤柱、区段煤柱影响导致破坏性冲击地压灾害发生。北区、中部区开采深度较浅，地应力相对较小，冲击危险性较轻。南部区为未完全输干区，顶板存在含水第三系砂层，顶板相对其他区域含水较高，岩性较软，冲击危险性较轻。

（3）工作面冲击危险性评价。采掘工作面进组前，矿方根据开采深度、地质情况、工作面布置邻区邻层情况、煤层冲击倾向性鉴定等因素对工作面进行冲击危险性综合评价，根据评价结果划分危险区域，并根据划分的危险区域制定针对性措施。

4. 加强管理、保证各项防冲措施兑规落实

为保证卸压措施落实到位，峻德煤矿成立钻孔验收小组，保证一孔一视频，一孔一验收单。

5. 冲击地压防治措施

1）监测预警

采掘工作面进行冲击危险性评价后，根据危险级别，选择性采用 SOS 微震监测系统、KBD5 电磁辐射仪、KJ550 应力在线监测系统、钻屑法、矿压观测法进行监测，根据厂家数据报告、相邻工作面采掘活动时的监测指标以及本工作面开采时现场宏观动力现象，制定本工作面预警临界值。预警临界值制定后，严格按规定进行监测，对数据及时分析，根据数据分析结果及时调整卸压措施，对监测数据异常区及时进行卸压解危。

2）治理措施

工作面设计形成后，在开采深度、地质构造、上部遗留煤柱等因素作用下，不可避免地形成一些高应力区、冲击危险区。针对这些冲击危险区，煤矿要根据实际情况和危险程度，选择性地采用煤层大孔径卸压、煤层爆破卸压、煤层注水、煤层断底、顶板断顶等措施进行预卸压处理，使高应力冲击危险区变为低应力无冲击危险区：①顶板走向断顶主要作用是切断本段与上段（下段）的悬臂梁，避免顶板大面积来压；②顶板倾向断顶措施主要作用是缩小顶板来压步距，避免悬顶面积过大；③两巷道煤层大孔径卸压措施主要作用是释放煤体内高应力，将煤体所承受应力降到安全值；④煤层注水措施主要作用是软化煤体，增加煤体的可塑性；⑤煤层断底措施主要作用是破坏底煤的完整性，使底煤失去传递应力的作用，从而防止底煤形成压杆结构，因应力过大而屈曲冲击。

3）安全防护

所有评价为具有弱冲击危险程度以上的采掘工作面全部采取个体防护措施、压风自救措施、物件设备捆绑措施及人员准入措施。

（1）个体防护。所有进入严重冲击危险区城的工作人员都要穿戴防冲服和防冲头盔，可在发生冲撞时减小物体对人体的冲击力，大幅度降低因冲击地压带来的人身伤害。

（2）压风自救。各工作面都要安装压风自救系统，可以在发生冲击地压

时，伴有瓦斯等有毒有害气体威胁作业人员人身安全时，利用压风自救系统内新鲜空气进行人员自救或等待救援，最大限度地增加人员生还可能性。

（3）物件设备捆绑。发生冲击地压时，巷道内存放的设备、材料等物件会因剧烈震动而飞扬、颠覆，对作业人员身体撞击、挤压造成人身伤害。峻德煤矿制定了冲击地压区域物件捆绑规定，对冲击地压区域巷道内存放的所有物件进行捆绑固定，防止其移动。

（4）危险区域人员控制。为防止冲击地压造成多人伤亡事故，应减少井下作业人数，优化生产工艺和劳动组织，把作业人数降到最低，作业时间降到最短，严禁在冲击危险区域组织工作人员密集型生产作业。

8.4 2013 年 "3·15" 冲击地压事故分析

8.4.1 事故工作面概况

发生事故的工作面是峻德煤矿北 17 层三四区一段工作面。工作面走向 1637 m，倾斜 168 m，采高 4 m。17 层煤平均煤厚 12 m，倾角 29°～32°。煤层直接顶为 5.2～14.9 m 灰色粉砂岩，基本顶为 19.3～70.4 m 中粗砂岩，局部含砾岩，底板为 4.5～5.5 m 凝灰质粉砂岩。采煤方法为综合机械化采煤。

工作面北部为井田边界 F_1 正断层，走向 NE、倾向 NW、倾角 15°～25°、水平断距 280～350 m；南部为 L_1 正断层，走向 NE、倾向 NW、倾角 25°～35°、水平断距 130～160 m；工作面上部为 F_7 正断层，走向弧形、倾角 15°～22°、水平断距 160～270 m。如图 8-1 所示为 "3·15" 冲击地压事故工作平面图。

8.4.2 工作面冲击地压治理情况

峻德煤矿北 17 层三四区一段工作面回采期间使用 SOS 微震系统、地音监测系统、KJ27 围岩动态监测系统、电磁辐射仪监测系统进行了监测，同时采用钻屑法和三量观测法进行校验和观测，对工作面回采期间冲击危险性和危险程度进行分析；同时，采用施工顶板高位巷进行顶板预卸压工作，在回风巷沿走向、倾向分别进行顶板预裂爆破和下帮与底板煤层的卸压爆破，同时对上、下帮及底板煤层进行大孔径钻孔卸压及上帮煤层二次钻孔卸压和煤层注水；在运输巷沿走向、倾向分别进行顶板预裂爆破。矿方通过这些手段进行卸压解危工作，降低浅部煤岩应力和冲击危险性。该工作面累计共施工各种卸压孔 6151 个，钻孔累计总延米 123564 m。具体而言，回风巷采取的冲击地压治理措施及参数：①顶板高位巷预裂爆破：在巷道下帮侧距离煤层顶板 5～8 m 处布置一条高位巷，在高位巷下帮沿倾向进行扇形顶板预裂爆破，高位巷走向长

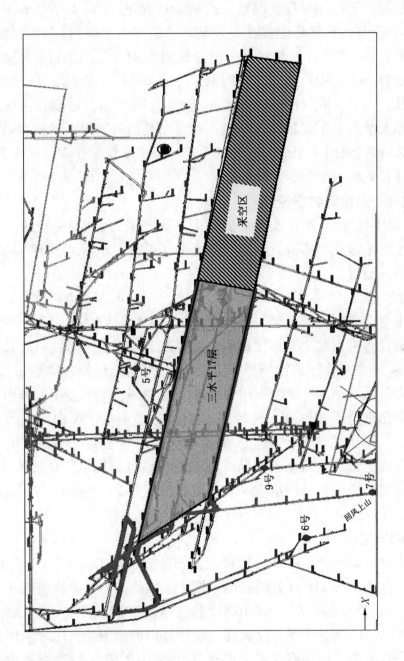

图 8 - 1 "3·15" 冲击地压事故工作面平面示意图

度 1475 m；②大孔径卸压钻孔：超前工作面上帮施工煤层大孔径卸压钻孔，孔径 φ113 mm，上帮 1 个/m 五花眼布置；在上、下帮及底板施工煤层大孔径卸压钻孔，孔径 φ113 mm，上、下帮 1 个/m，底板 1 个/2 m；③顶板预裂爆破：沿走向及倾向进行顶板预裂爆破，孔径 φ75 mm，走向 1 个/5 m，倾向每组 4 个/15 m，所有钻孔终孔位置在穿过基本顶的同一个倾斜剖面上；④煤层底板预裂爆破：在 −250 m 运输巷（三段总机道）向煤层底板打钻爆破，1 个/10 m，孔径 φ75 mm；⑤底板煤层卸压爆破：在超前工作面下帮进行底板煤层卸压爆破，孔径 φ42 mm，下帮 1 个/5 m，底板 1 个/5 m。运输巷采取的冲击地压治理措施及参数：①顶板预裂爆破：沿走向及倾向进行顶板预裂爆破，走向 1 个/10 m，倾向每组 4 个/15 m，孔径 φ75 mm；②煤层注水：注水孔 1 个/15 m，孔径 φ75 mm，施工长度 140 m。

8.4.3　事故发生及抢险救援经过

2013 年 3 月 15 日 5:20，峻德煤矿综采一区开采的北 17 层三四区一段工作面突然发生冲击地压。事故发生后，鼓起的底煤将工作面上下出口堵塞，工作面内仅有微风通过。

1. 事故经过

当日下午生产班割煤两刀半。零点班出勤 27 人，瓦检员 1 人，当班班长李某忠，当班任务为正常生产。接班后，采煤机上行割煤半刀，然后又下行割煤一刀，在 34 组支架处插帮完毕停机。5:10 工作面推移刮板输送机头作业，结束停溜。带班队长孙某三带领下出口作业人员刘某、刘某发在工作面下出口运输机头软帮侧进行支护作业。5:20 突然发生冲击地压，冲击发生后，因鼓起的底煤将上、下出口堵塞，作业人员无法从工作面撤离，现场人员全部被困。此时工作面上出口通信尚未中断，通过上出口电话确认工作面有 16 人被困，下出口通信已经中断，机道内 4 名人员联系不上。外围作业的 8 名施工人员安全升井。

2. 现场勘查情况

发生冲击地压瞬间产生的冲击波将工作面前方机道 120 m 处的 ZY2300 型钻机掀翻、工作面前方 210 m 处的隔爆水棚水袋吹落。巨大的冲击破坏使机道超前 60 m 范围巷道全部合严，SZZ1000 型桥式转载机被冲至顶板。距离工作面 117 m 处的回风联络巷受到震动破坏，联络巷内的水泥防火门套及回风联络道内的铁道严重变形，回风联络道上部车场处所设的 JD − 40 绞车从绞车硐室内被掀至巷道中间。回风联络道与回风道交岔点处向里巷道出现底鼓，距离工作面 50 m 范围内的巷道全部合严。工作面内鼓起的底煤将工作面上、下出口堵塞。如图 8 − 2 所示为冲击地压事故现场照片。

(a) 回风道冲击现场   (b) 机道冲击现场

(c) 工作面冲击现场   (d) 回风道上帮单体被冲倒

图 8-2 "3·15"冲击地压事故现场照片

3. 抢险救援情况

冲击地压灾害发生后，峻德煤矿立即向上级主管部门报告情况，龙煤鹤岗分公司启动应急预案，组织救援。省委省政府领导高度重视，省长、副省长均作出重要批示。国家煤矿安全监察局，黑龙江省政府，省应急办、省安监局、省煤监局、省煤管局，鹤滨监察分局，鹤岗市政府等领导第一时间赶到现场，听取汇报并研究抢险方案，组织指导救援。龙煤公司总经理，鹤岗分公司总经理、副总经理第一时间深入井下组织指挥现场救援工作。国家矿山应急救援鹤岗队于 6:50 赶到现场，两个小队 25 人深入井下探查，两名队领导在现场指挥，另一小队 12 人在地面待命。峻德煤矿共计组织 247 人，分两组在回风道、机道进行恢复救援工作。自事故当日 20:50 打通救援通道，第一名受困人员脱险，至 21:20 十六名被困人员全部撤离灾区，并于 22:07 安全升井。

灾区被困人员脱险后，救援人员继续在井下组织搜救失踪人员，分别在转载机头上帮侧发现转载机司机李某春，转载机头下帮侧发现当班电工王某军、瓦检员张某平，3 人均已遇难，次日 1:40 将遇难者遗体升井；于 3 月 18 日 5:45 在转载机下帮侧向转载机操作台处恢复巷道找到最后一名遇难者王某生。至此，搜救工作结束。

8.4.4 事故原因分析

1. 直接原因

国家地震台网发布 3 月 15 日 5:17 峻德矿区西部 5 km、深度 7 km 发生 2.4 级地震。地震造成工作面突然发生冲击地压，是事故发生的直接原因。

2. 间接原因

（1）2011 年 12 月，中国矿业大学对 17 层煤层做了冲击倾向性测试，测试结果为 17 层煤层及其顶板均具有强冲击倾向性。

（2）回风道与上段采空区阶段煤柱 19～25 m 存在弹性能，该区域应力集中；该工作面复合顶为 0.3～3.33 m 炭页岩煤岩互层，机巷掘进过程冲击位置附近复合顶厚度不稳定，表现为局部厚度急剧变化；工作面发生冲击地压时，处于缓倾斜构造内，在该向斜轴部区域附近；工作面超前应力与巷道周围应力叠加使区域内的静载升高。

（3）工作面冲击位置附近直接顶为细砂岩，基本顶为中粗砂岩，局部含砾岩。机道石门实揭露细砂岩厚度 15.7 m，中粗砂岩厚度 49.4 m，顶板坚硬，不易垮落。

（4）该工作面为顶分层开采，巷道顶板及两帮有锚网索支护，底板无支护，存在弱面，致使本次冲击以底鼓破坏为主。

（5）该工作面处于 3 条大断层切割形成的独立块段区域（F_1、F_7、L_1），受周边构造应力的作用而积聚大量的弹性应变能，有整体位移的趋势。3 条大断层倾角较缓，在受扰动的情况下，易发生活化位移（图 8-3）。

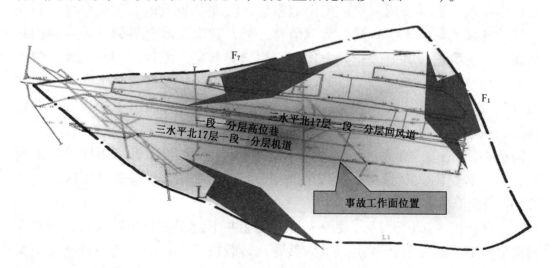

图 8-3　断层区域切割图

（6）地震使区域内断层活化，诱发冲击地压。

（7）工作面中部正上方有一、二水平9层煤遗留的3处孤岛煤柱（图8-4）。

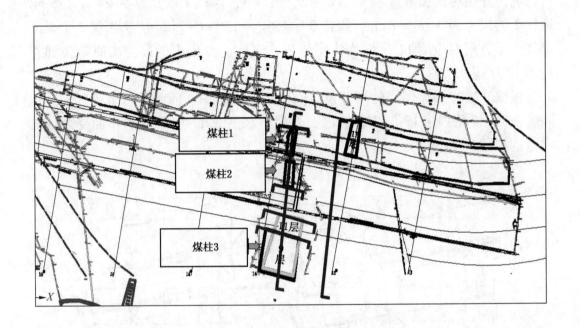

图8-4　9层煤遗留煤柱示意图

8.5　问题及解答：煤层群开采进出遗留煤柱区为何容易发生冲击地压

首先，从煤柱结构应力场来讲，上方采空区煤柱形成孤岛结构效应，煤柱周边采空后，煤柱结构将成为传递顶底板压力的主要承载结构，其附近将产生较为明显的静载应力集中效应，特别对近距离煤层群开采极为不利。其次，从煤柱自身来讲，采空区煤柱形成不稳定"三明治"结构（不稳定煤柱、不稳定顶板断裂平衡结构与不稳定底板）受附近采动扰动影响，易发生煤柱及其顶底板的失稳冲击，形成强动态扰动载荷，与高静态应力叠加，诱导发生高能级冲击地压事故。

《防治煤矿冲击地压细则》第三十一条规定："冲击地压煤层应当严格按顺序开采，不得留孤岛煤柱。采空区内不得留有煤柱，如果特殊情况必须在采空区留有煤柱时，应当进行安全性论证，报企业技术负责人审批，并将煤柱的位置、尺寸以及影响范围标注在采掘工程平面图上。煤层群下行开采时，应当

分析上一煤层煤柱的影响。"

峻德煤矿三水平北 17 层一段工作面上方 9 层、11 层煤均存有回采期间遗留下的采空区及煤柱。9 层煤遗留的 3 个煤柱对三水平北 17 层一段工作面开采有影响，分别对其编号煤柱 1、煤柱 2、煤柱 3，煤柱 1 的尺寸为 24 m×75 m，煤柱 2 的尺寸为 31 m×70 m，煤柱 3 的尺寸为 120 m×112 m。9 层煤 3 个孤岛煤柱正下方所对应的 11 层煤均为实体煤，煤柱上方集中的高应力直接传递作用到 17 层煤。

根据 9 层煤孤岛煤柱的尺寸及空间位置，由山东、河南等多个矿区的一般经验：以 45°角划定 17 层煤影响区，得到三水平北 17 层一段工作面受煤柱影响范围如图 8 - 5 所示。

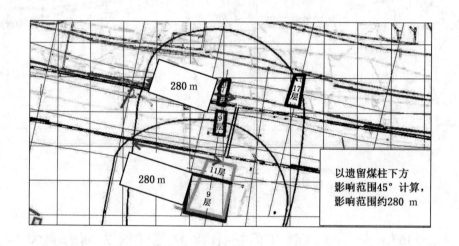

图 8 - 5　受煤柱影响范围

通过建立多煤层开采模型可知，9 层煤中遗留 3 个对三水平北 17 层一段工作面影响大的孤岛煤柱。由于坚硬顶板的存在，孤岛煤柱上方聚集高应力，煤柱正下方对应的 11 层煤没有采动。高应力直接通过 11 层煤以及 11 层煤与 17 层煤间的厚硬砂岩层组传递到 17 层煤上方。根据煤柱与工作面的相对位置（图 8 - 6），孤岛煤柱集中应力使事故工作面附近形成高应力区。当 17 煤开采进出上方遗留煤柱区域时，采动应力与上方遗留煤柱区域两侧聚集的高应力相互叠加，顶板断裂拱裂隙向上发育，裂隙贯通引起巨厚组合岩层垮落产生动载，从而引发冲击地压。

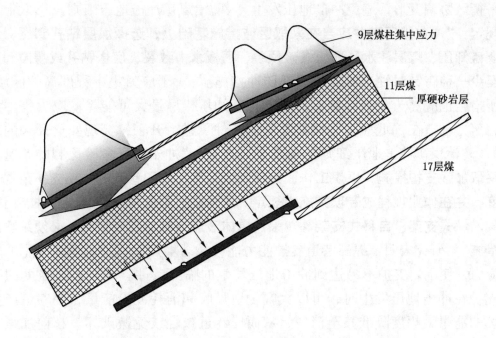

图 8-6　9 层煤柱集中应力作用于工作面示意图

8.6　关于"3·15"冲击地压事故的思考与建议

1. 冲击地压防治应从源头抓起，优化采掘设计与生产布局

《防治煤矿冲击地压细则》第十九条规定："**冲击地压防治应当坚持'区域先行、局部跟进、分区管理、分类防治'的原则。**"区域先行就是要从源头抓起，做好区域防冲工作。区域防冲就是要优化开采设计理念，优化巷道布置、煤柱留设尺寸，防止由于设计和布局不合理造成应力叠加形成高应力集中。

峻德煤矿事故工作面回风道与上段采空区阶段煤柱 19~25 m 存在弹性能，造成该区域应力集中。《防治煤矿冲击地压细则》第五十九条规定："**冲击地压矿井进行采掘部署时，应当将巷道布置在低应力区，优先选择无煤柱护巷或小煤柱护巷，降低巷道的冲击危险性。**"无煤柱或留设窄煤柱可使巷道处于临近工作面采空区侧向应力降低区以内，且煤柱中煤体几乎被"压酥"，内部不易集聚弹性能，而此次事故地点煤柱 19~25 m，留设宽度不合理。

2. 在高应力区域要采用耦合结构控制方法进行冲击地压防治

在由于构造应力与开采因素形成应力叠加的高应力集中区域，应同时采取高强度卸压和强力支护围岩措施，通过围岩近场的卸、支耦合结构促使围岩极限平衡区协调变形，避免冲击地压发生。《防治煤矿冲击地压细则》第六十七条规定："**冲击地压矿井应当在采取区域措施基础上，选择煤层钻孔卸压、煤层爆破卸压、煤层注水、顶板爆破预裂、顶板水力致裂、底板钻孔或爆破卸压等至少一种有针对性、有效的局部防冲措施。**"对于应力集中程度高的区域，卸压措施也应高于一般区域，采取高强度卸压，尽最大可能降低应力集中水平，努力创造在"低应力、低密度"的条件下进行开采，实现安全开采的目的。《防治煤矿冲击地压细则》第八十条规定："**冲击地压危险区域的巷道必须采取加强支护措施，采煤工作面必须加大上下出口和巷道的超前支护范围与强度，并在作业规程或专项措施中规定。加强支护可采用单体液压支柱、门式支架、垛式支架、自移式支架等。采用单体液压支柱加强支护时，必须采取防倒措施。**"研究表明：提高巷道支护能力能够显著增加巷道冲击地压发生的临界应力，使围岩支护不易达到冲击地压发生的临界条件。同时，高强度的吸能支护在冲击地压发生时，可以大幅度地吸收和消耗冲击能量，使巷道产生破坏的能量大幅度降低甚至消失，从而使巷道减轻或免遭破坏。超前加强支护采用的支护型式应当根据工作面的实际应力集中程度而确定，对于条件复杂、应力集中程度高的区域应当优先采用高强度的吸能防冲液压支架进行加强支护。

峻德煤矿事故工作面虽然采取了钻孔卸压和加强支护的措施，但卸压孔直径为 113 mm，工作面超前加强支护采用的是单体液压支柱。其所采取的措施不能有效防治该地点较高的构造应力、上层煤柱影响、本层煤柱应力集中、采动应力等多应力叠加的高集中应力条件。

3. 厚底煤对冲击地压的影响

在原岩应力作用下开挖巷道，引起巷道应力重新分布，垂直应力向两帮转移，水平应力向顶、底板中转移，因而垂直应力的影响主要显现于两帮煤体，而水平应力的影响则主要显现于顶、底板煤岩层。底板水平应力对底板冲击地压的发生起着决定性作用。根据研究结果表明，底板煤岩层破坏显现形式为层裂破坏，当巷道底板煤层产生层裂破坏的厚度越小，越容易产生冲击破坏。煤层发生层裂破坏，与巷道埋深、巷道宽度、巷道底板煤层结构厚度、底板岩层的弹模、泊松比、水平构造应力、煤层的内聚力和内摩擦角等属性有关。在厚底煤的情况下，底板煤岩层破坏显现形式会出现多层，同时的层裂破坏因而加剧了冲击显现程度。《防治煤矿冲击地压细则》第二十九条规定："**冲击地压煤层巷道与硐室布置不应留底煤，如果留有底煤必须采取底板预卸压等专项治理措施。**"峻德矿事故工作面为三水平北 17 层三四区一段一分层，17 层煤平均厚 12 m，而一分层采高 4 m，巷道留有平均 8 m 厚的底煤。采取的底板煤层卸压爆破：孔径 42 mm，间距 5 m，底板卸压效果不明显，加剧了底板冲击显现。

4. 要合理确定冲击危险区域的安全推进速度

由于煤岩的变形破坏具有时间效应，因而井下煤炭开采后形成的煤岩结构发生冲击地压就有延迟效应。其具体体现在不同开采速度产生的变形、应力及破坏是不同的，进而说明控制推采速度能够避免冲击地压的发生。事实上，无论是学术界还是煤矿现场，都认为开采速度对冲击地压的发生有重要影响。**《防治煤矿冲击地压细则》第二十五条规定："冲击地压矿井应当按照采掘工作面的防冲要求进行矿井生产能力核定，在冲击地压危险区域采掘作业时，应当按冲击地压危险性评价结果明确采掘工作面安全推进速度，确定采掘工作面的生产能力。提高矿井生产能力和新水平延深时，必须组织专家进行论证。"**以华丰煤矿冲击地压现场观测数据举例，华丰煤矿 2407 西（1）工作面开采期限为 1995 年 11 月—1997 年 6 月，推采方向为 W－E，工作面长度为 152～163 m，工作面采高为 2.2 m，工作面倾角为 31°，工作面埋深为 700 m。2407 西（1）工作面在高速开采中通过煤柱高应力集中区时，冲击地压发生频繁，见表 8-3。工作面开采初期前 4 个月的平均速度超过 70 m/月，其后加速开采。由于开采速度加快，分别在 1995 年 12 月和 1996 年 1 月发生 1.5 级和 1.9 级冲击地压。1996 年 4 月开采速度达 94 m/月，导致 5 月和 6 月连续发生 29 次冲击地压。虽然因冲击地压影响了 6 月的开采速度，但该月开采速度仍达 62 m/月，成为平均每采三循环即发生一次冲击地压的典型案例。

表 8-3　华丰煤矿开采速度与冲击地压关系

开采时间	开采速度/（m·月⁻¹）	产量/万 t	破坏性冲击地压
1995 年 11 月	58	2.69	—
1995 年 12 月	65	3.02	31 日上巷发生 1.5 级冲击地压 1 次
1996 年 1 月	78	3.62	4 日工作面下端头发生 1.9 级冲击地压 1 次
1996 年 2 月	82	3.81	—
1996 年 3 月	70	3.25	—
1996 年 4 月	94	4.36	—
1996 年 5 月	80	3.71	12、15、16、24、27、30 日自下巷向上发生 1.4～1.7 级冲击地压 6 次

表 8 - 3（续）

开采时间	开采速度/ (m·月⁻¹)	产量/万 t	破坏性冲击地压
1996 年 6 月	62	2.88	5—17 日、21—24 日、27、28 日自上巷到工作面连续发生冲击地压 23 次
1996 年 7 月	58	2.69	2 日工作面爆破诱发 1.7 级冲击地压 1 次
1996 年 8 月	86	3.99	—
1996 年 9 月	82	3.81	—
1996 年 10 月	停	—	
1996 年 11 月	停	—	
1996 年 12 月	停	—	
1997 年 1 月	64	2.97	
1997 年 2 月	80	3.71	
1997 年 3 月	86	3.99	
1997 年 4 月	90	4.18	
1997 年 5 月	90	4.18	
1997 年 6 月	94	4.36	

共 20 个月，平均开采速度为 77.6 m/月，月平均产量为 3.60 万 t，共发生破坏性冲击地压 32 次

沈阳焦煤股份有限公司红阳三矿西二采区 1208 综采工作面由于控制推进速度，从而有效、平稳地回采了地质条件及开采技术条件均较为复杂的高应力集中区域。此工作面的回采也能充分解释控制开采速度对冲击地压的发生有重要影响。

西二采区 1208 综采工作面自 2019 年 1 月 7 日起在工作面上方北二 704 遗留的煤柱区域开始出现连续的微震事件。此处区域因受上方残采区遗留的不规则煤柱影响而评定为强冲击危险区域。矿里研究决定控制推采速度，调整到 1.6 m/d；且匀速割煤，控制每刀煤（0.8 m）割煤时间不得低于 5 h，于 2020 年 1 月 20 日安全通过北二 704 煤柱区域。此区域在控制推采速度之后，回采期间单次最大能量为 3.77×10^4 J，平均每天微震事件频次在 20~25 次，且大多数能量事件均低于 1×10^3 J 以下，相对比之前微震事件情况大幅度降低，且趋于平稳状态。具体位置如图 8 - 7 所示。

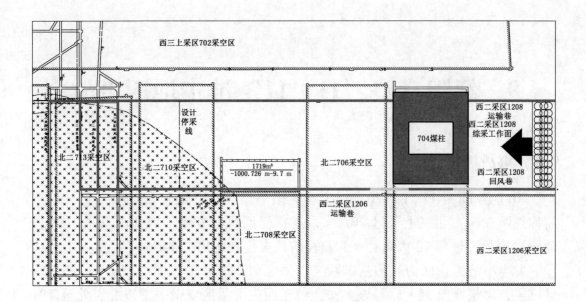

图 8 - 7　红阳三矿西二采区 1208 综采工作面上方
704 采空区遗留不规则煤柱区域示意图

　　峻德煤矿 17 层煤层及其顶板均具有强冲击倾向性，且自 2010 年以来 17 层煤掘进及回采期间已多次发生冲击地压。本次事故地点上方存在孤岛煤柱区域，且该工作面处于 3 条大断层切割形成的独立块段区域。在复杂的地质条件与开采技术条件下，矿井对冲击地压灾害严重程度认识不足，未能合理确定安全推进速度，从而发生冲击地压事故。

9 红阳三矿"11·11"冲击地压事故

9.1 事故概况

2017 年 11 月 11 日 2:26，辽宁省沈阳焦煤股份有限公司红阳三矿（以下简称红阳三矿）西三上采区 702 综采工作面回风巷发生一起重大顶板（冲击地压）事故，造成 10 人死亡、1 人轻伤，直接经济损失 1456.6 万元。

发生事故工作面为红阳三矿西三上采区 702 综采工作面。该工作面开采 7 号煤层，煤层倾角 3°~5°。该工作面位于西三上采区皮带下山以北，北至 7 号煤层风化氧化带，东至西三上采区与北二区 7 号煤采空区、西一区 700 采空区区间煤柱（采空区与 702 综采工作面呈平面垂直关系，煤柱宽度 31~45 m，图 9-1），西为未采动区，开采深度 1080 m 左右。与事故地点工作面距离最近正在开采的采煤工作面为西二采区 1207 综采工作面，平面距离 923.6 m。702 综采工作面为西三上采区首采工作面，设计长度 2418 m，设计采高 3.2 m，可采走向长度 2206 m，工作面倾斜长度 200 m，截至事故发生时已推进 1740 m，距离停采线 466 m。

事故发生地点位于 702 综采工作面回风巷，其东侧为北二采区 703 采空区，区间煤柱宽度 32 m。北二采区 703 采煤工作面采用倾斜长壁布置方式，工作面长度 200 m，2005 年开始回采，2006 年 4 月回采结束。

西三上采区 702 综采工作面开采深度较大（1080 m），原岩应力高，煤层具有冲击倾向性；受断层构造（F_1、F_2、F_3、F_4、F_{21} 断层）、区间煤柱（702 回风巷与北二 703 采区之间煤柱宽度 32 m）及 702 综采工作面采动（702 工作面已推进 1740 m）等应力叠加影响，使事故区域形成高应力集中区；受 F_1、F_{21} 断层切割作用和采煤机割煤、移架放顶、3 台钻机同时施工、瓦斯抽采钻孔等因素扰动影响，造成该区域巷道周边煤岩失稳，诱发冲击地压，导致事故发生。如图 9-1 所示为事故地点工作面平面图。

综合分析认为，本次冲击地压事故是由于高地应力和强扰动下煤体沿与顶板间结构面发生超低摩擦效应诱发的，属于超低摩擦型冲击地压事故。

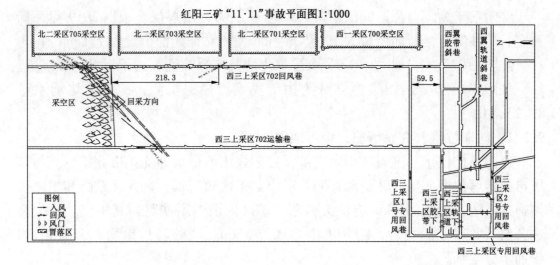

图 9 - 1　西三上采区 702 综采工作面平面布置图

9.2　矿井概况

沈阳焦煤股份有限公司红阳三矿位于辽阳市灯塔市柳条镇，始建于 1991 年 12 月，2000 年 12 月正式投产，隶属于沈阳焦煤股份有限公司。井田面积为 49.1 km²，现生产能力 240 万 t/a。矿井采用立井单水平上下山开拓方式，井口平均标高 + 23 m，运输水平标高 - 850 m。通风方式为两翼对角式，通风方法为抽出式。红阳三矿井田含煤地层为山西组和太原组，平均总厚度 193 m，共含 14 层煤。煤种主要为瘦煤、贫瘦煤、贫煤，其中 3 号、7 号、12 号（包括 12 - 1 号和 12 - 2 号）、13 号为可采煤层，3 号煤层局部可采，现开采 7 号、12 号、13 号煤层。

7 号煤层平均厚度 1.89 m；直接顶板为黑色泥岩，平均厚 10.3 m，抗压强度 7.19 ~ 19.4 MPa；基本顶为细砂岩粉砂岩互层，厚 7.6 m；直接底板为泥岩，平均厚 0.75 m；基本底为中砂岩，平均厚 8.88 m，抗压强度 20.1 ~ 28.5 MPa。

12 号煤层为复合煤层，夹矸为泥岩，位于太原组下部，煤层平均厚度 3.18 m，与上部 7 号煤层平均间距为 64 m。直接顶板为厚层黑色海相泥岩，平均厚 9.89 m，抗压强度 9 ~ 12.8 MPa；基本顶为粉砂岩、中砂岩（上粗下细），厚 6.2 m；底板为灰色、灰黑色粉砂岩及细砂岩，平均厚 1.4 m，抗压强度 9.32 ~ 43.6 MPa。

13 号煤层平均厚度 1.91 m，位于太原组下煤组下部，上距 12 号煤层 1.4 m 左右；顶板为 12 号煤层底板；底板为灰褐色黏土岩，平均厚度 4.8 m，抗压强度 13 ~ 19.4 MPa。

红阳三矿为煤与瓦斯突出矿井，12 号煤层为突出煤层。根据 2019 年瓦斯测定，矿井绝对瓦斯涌出量为 19.85 m^3/min，相对瓦斯涌出量为 7.13 m^3/t。

红阳三矿 7 号、12 号、13 号煤层煤尘均具有爆炸性，属于不易自燃煤层。

红阳三矿水文地质类型划分为中等类型。根据实测，矿井平均涌水量 89.2 m^3/h。

9.2.1 地理位置、交通情况、地形地貌

红阳三矿位于辽宁省沈阳市南部，红阳煤田西部，即沈阳市苏家屯区与灯塔市的接壤位置，行政区划属辽阳灯塔市柳条寨镇管辖，区内无铁路和主要公路通过。距井田东部 9 km 有沈大铁路，矿区内设专用铁路与其相接。沈大高速公路从井田东侧通过，距井田中心部位 5 km。区内各村镇均有公路相通，交通十分便利。

本区位于下辽河平原东部，浑河及沙河冲积扇前缘与河间地块的接壤地带，地面平坦，东北高、西南低，地表标高 +26 ~ +20 m，微微向西南倾斜，坡度 0.6‰。区内局部地区地面低洼，地下水涌出地表，常出现一些沼泽地，散布在本区西部。煤田东部外围为山前倾斜平原，往东有缓丘和低山起伏，呈南北展布，系由下古生界地层和局部燕山期花岗岩组成。

本区内无大的河流，只有沙河流经本区东缘，河床宽 10 ~ 50 m，水量随季节而变化，属季节性河流，向南流入太子河。近年来，区内修筑了一些水渠干线，两侧配套有大面积网状水渠道，大部分农田为水田区，地表水十分丰富，历史最高洪水位 143.4 m（2009 年）。

9.2.2 井田范围

红阳三矿井田位于灯塔市西北 11.6 km，张良堡背斜南缘、林盛堡向斜西翼中段，轴向 35°~40°，向南西倾伏，北西翼宽缓，南东翼为窄陡不对称的宽缓倾伏背斜。地理坐标：23°11′24″ ~ 123°15′26″，北纬 41°27′39″ ~ 41°32′17″。全矿由 43 个拐点坐标圈定（表 9 - 1），井田面积 49.1116 km^2，开采标高 -650 ~ -1320 m。

表 9 - 1　红阳三矿矿区范围拐点坐标表（1954 北京坐标系）

点号	X	Y	点号	X	Y
Q1	4595197.10	41521098.40	Q5	4595374.10	41520299.00
Q2	4595340.80	41521114.50	Q6	4595434.00	41520142.00
Q3	4595329.90	41520935.70	Q7	4595534.80	41519949.40
Q4	4595342.20	41520529.60	Q8	4595682.00	41520109.20

表 9 – 1（续）

点号	X	Y	点号	X	Y
Q9	4595952.50	41519896.50	20	4598184.70	41515858.00
Q10	4596248.80	41520134.20	S12	4598052.78	41515936.44
Q11	4596508.30	41520290.70	S1	4598048.39	41513912.69
Q12	4596881.90	41520524.30	S2	4596197.29	41513916.26
Q13	4597449.20	41521200.70	S3	4596196.63	41513568.35
Q14	4597692.80	41521180.90	S4	4592494.45	41513575.31
Q15	4597665.00	41520465.00	S5	4592496.49	41514619.57
Q16	4597799.00	41520410.00	S6	4591570.95	41514621.43
Q17	4598179.20	41520362.60	S7	4591572.39	41515317.70
Q18	4598277.70	41520606.90	S8	4591109.62	41515318.68
Q19	4598618.40	41521464.90	S9	4591116.94	41518452.05
13	4598618.40	41520549.00	S13	4592228.02	41518449.21
14	4599098.00	41520000.00	32	4592308.10	41518619.60
15	4600446.00	41519000.00	33	4592799.00	41519618.00
16	4600192.00	41518645.00	34	4593766.00	41520340.00
17	4599438.00	41518785.00	35	4594500.00	41520815.00
18	4599252.50	41517277.60	1	4594778.00	41520930.00
19	4599161.30	41516977.10			

注：43 个拐点，面积 49.11 km²。

9.2.3 矿井生产系统

矿井于 1991 年开始施工建设，1997 年开始试生产，并于 2000 年 12 月 26 日正式投产。2013 年矿井产业升级改造设计生产能力为 500 万 t/a。2017 年 12 月，矿井生产能力核定为 330 万 t/a。2019 年 1 月，矿井生产能力核减为 240 万 t/a。

1. 开拓系统

红阳三矿采用立井单水平片盘式开拓，建有 1 号主井、2 号主井、副井、北风井、南风井 5 座井筒，运输水平标高 –850 m。

煤炭生产采用走向或者倾斜长壁采煤法，综合机械化采煤工艺，顶板管理采用全部垮落法。煤巷掘进采用综掘机掘进，岩巷掘进采用炮掘和综掘机掘进两种方式。

2. 提升运输系统

1 号主井、2 号主井承担原煤提升任务。1 号主井提升北二采区、西二采区的原煤，2 号主井提升西三上采区的原煤，两井之间利用带式输送机调节平衡。副井为辅助提升井，承担提升矸石和运送物料、设备及人员等任务。矿井全部使用塔式多绳摩擦提升机：其中，1 号主井装备 JKM–4×4（Ⅲ）C 型提升机，提升容器为 16 t 双箕斗；2 号主井装备 JKM–4×4（Ⅲ）E–（SM）型提升机，提升容器为 16 t 双箕斗；副井装备 JKM–4×4（Ⅲ）型提升机，提升容器为双层多绳罐笼。

原煤采用带式输送机、箕斗运输提升。原煤运输路径：采煤工作面原煤 → 刮板输送机 → 运输顺槽胶带 → 采区集运胶带 → 采区煤仓 → 主运胶带 → 主井煤仓 → 主井箕斗 → 地面煤仓。

辅助运输系统：–850 m 轨道运输大巷 → 各采区轨道巷 → 各采掘工作面顺槽，采用接力运输方式。设备类别包括防爆特殊型蓄电池电机车、运输绞车、调度绞车、无极绳绞车及架空乘人装置。

3. 供电系统

红阳三矿工业广场建有 66 kV 变电所一座，双回路电源分别引自辽电灯塔 220 kV 变电所 66 kV 侧母线段和辽电佟二堡 220 kV 变电所 66 kV 侧母线段。变电所共安装 3 台主变压器，型号为 SZ11–20000/66，单台视在容量均为 20000 kVA，室外布置，两台同时工作，分列运行，一台备用，一次电压 66 kV，二次电压 6 kV。地面变电所 6 kV 母线引出 6 条电力电缆，经副井、2 号主井至井下 1 号、2 号中央变电所。每个采区设有采区变电所。工作面配电采用 3.3 kV、1.14 kV 和 0.66 kV 电压。矿井主副井提升系统、主要通风机、空气压缩机、主排水系统、瓦斯抽采泵站、井下中央变电所、采区变电所、掘进工作面局部通风机等均为双回路供电。

4. 通风系统

矿井通风方式为两翼对角式，通风方法为机械抽出式。1 号主井、2 号主井、副井入风，南、北风井为回风井。南风井装备 2 台 GAF28–13.3–1 型主要通风机，北风井装备 2 台 MAF2800/1600–1 型主要通风机，均一台使用，一台备用。矿井总入风量 19372 m³/min，总排风量 20639 m³/min。各采区均建有专用回风巷，实行分区通风，各采掘工作面独立通风。

5. 排水系统

中央水仓设在 –850 m 井底车场附近，水仓容积 2237.8 m³；泵房内安设 3 台型号为 MD280–100×10 的水泵，一台使用，一台备用，一台检修；沿副井井筒敷设 2 条规格为 DN245×10 的排水管路至地面,一条使用,一条备用;每个采区设有专门的排水系统。

6. 防灭火系统

红阳三矿采用黄泥灌浆、注氮和喷洒阻化剂等综合防灭火措施,装备 KJ428 火情监测系统对自然发火进行预测预报;井上下设有消防材料库,储备消防火器材;地面建有永久灌浆站两座,分别为北风井灌浆站和 2 号主井灌浆站。北风井灌浆站灌浆能力 60 m³/h,储砂量 300 m³,蓄水量 872 m³;2 号主井灌浆站灌浆能力 60 m³/h,储砂量 500 m³,蓄水量 200 m³。井下消防与防尘共用同一管路系统,各消防管路均按规定安设三通及阀门,主要巷道每隔 100 m、带式输送机巷道每隔 50 m,设置消防支管和阀门。

7. 瓦斯抽采系统

5 套地面永久抽采系统:2 套矸石山 610 泵站,3 台 CBF610 型瓦斯抽采泵,其中 1 台使用,2 台备用,立孔管径 377 mm;1 套北风井 120 泵站,2 台 SK-120 型瓦斯抽采泵,立孔管径 273 mm;2 套南风井 810 泵站,4 台 CBF810 型瓦斯抽采泵,其中 2 台使用,2 台备用,立孔管径 529 mm;井下瓦斯抽采管路以 529 mm 为主。泵站总装机能力 2320 m³/min,2020 年矿井核定抽采能力为 730 m³/min。

8. 防尘系统

红阳三矿设置防尘洒水管路系统(与消防共用),水源来自工业广场设有的生产生活消防静压水池及北风井储水池。北风井储水池总容积 872 m³,副井工业广场生产生活消防静压水池总容积 2000 m³,在北风井底及供水主干管路上设有供水减压装置。井底大巷、采区内主要大巷管径分别为 159 mm、108 mm,采掘顺槽供水管径均为 108 mm,同时按规定设置了三通阀门。采掘工作面、溜煤眼、转载点等处均设防尘喷雾装置,工作面回风巷、采区回风巷、胶带运输巷等处设置风流净化水幕,主要运输大巷、工作面巷道、掘进巷道设置隔爆水棚。

9. 热害防治系统

红阳三矿采用冰冷低温辐射降温技术治理热害。地面工业广场建有制冰中心,制冰能力 2160 t/d,总制冷功率 3430 kW。地面制冷中心冰片利用 φ426 mm、φ377 mm 管路由副井、2 号主井输送至副井井底附近融冰硐室和 -820 m 融冰硐室,融化制成 0~5 ℃ 低温冷水,采用 MD155 泵加压后,通过 φ219 mm 和 φ159 mm 管道输送至工作面,再经 ML-300 空冷器送至工作面降温,用于改善作业环境。

9.3　红阳三矿冲击地压情况

9.3.1　冲击地压事故情况

红阳三矿在事故前没有进行冲击地压矿井鉴定。根据矿井调研得知，红阳三矿曾经发生过两次类似于冲击地压的动力现象。

（1）北二南翼707采煤工作面。2011年4月11日甲班，距离回风边眼50 m附近，靠近运输巷侧密闭料石飞出到对面联络川巷道约10 m处，回风边眼巷道整体位移，两帮相距1 m左右（原巷道宽约2.8 m），底板有鼓起，外围巷道没有变化。当时工作面处在停采线附近，已停产数日。

（2）北二轨道巷掘进工作面。掘进期间经常有顶板来压声响，巷道围岩变形量较大（2～3天底鼓变形就有300 mm）。2017年7月12日，工作面突然出现一声声响后，顶底板位移量约300 mm。当时工作面处于停掘状态。

9.3.2　冲击地压防治情况

红阳三矿自2017年11月11日出现冲击地压事故之后，积极与科研院校合作，系统、全面、有针对性地开展了冲击地压灾害治理工作，引进了多种冲击地压监测设备，制定了一系列防治冲击地压措施。

1. 健全防冲组织机构，成立专业防冲队伍

根据《防治煤矿冲击地压细则》第三条要求：**"煤矿企业（煤矿）的主要负责人（法定代表人、实际控制人）是冲击地压防治的第一责任人，对防治工作全面负责；其他负责人对分管范围内冲击地压防治工作负责；煤矿企业（煤矿）总工程师是冲击地压防治的技术负责人，对防治技术工作负责。"** 红阳三矿严格落实细则要求，成立矿长为第一责任人，总工程师为技术负责人，各分管副矿长为副组长，副总工程师及各部室、基层单位为成员的防冲安全管理体系（组织机构），全面开展冲击地压防治工作；设置专职防冲副总工程师，成立防冲办公室，配备冲击地压危险性监测预警分析等专业技术和管理人员24名，组建66人的防冲队，专门负责卸压、钻屑法监测等工作。

2. 编制中长期防冲规划与年度防冲计划

根据《防治煤矿冲击地压细则》第二十条要求：**"冲击地压矿井必须编制中长期防冲规划和年度防冲计划。中长期防冲规划每3～5年编制一次，执行期内有较大变化时，应当在年度计划中补充说明。中长期防冲规划与年度防冲计划由煤矿组织编制，经煤矿企业审批后实施。"** 红阳三矿严格落实细则要求，编制了中长期防冲规划，每年根据生产接续变化情况编制年度防冲计划，并上报公司审批后实施。

3. 加大防治冲击地压安全投入

2018 年至今，矿井防治冲击地压投入资金 2.5 亿元。冲击危险监测系统投入专项资金 3748.5 万元，安全防护装备（防冲服、防冲帽、限员管理等）投入专项资金 196.5 万元，冲击危险监测预警及防治技术研究投入专项资金 774 万元，防冲装备（钻机、卸压注水泵等）投入专项资金 248 万元，液压支架及加强支护材料等投入资金 10159.9 万元，卸压工程等投入资金 9966.5 余万元。

4. 建立冲击地压危险性监测预警系统，认真研究确定临界指标

根据《防治煤矿冲击地压细则》第四十六条要求："**冲击地压矿井必须建立区域与局部相结合的冲击危险性监测制度，区域监测应当覆盖矿井采掘区域，局部监测应当覆盖冲击地压危险区，区域监测可采用微震监测法等，局部监测可采用钻屑法、应力监测法、电磁辐射法等。**"矿井严格落实细则要求，建立了 SOS 微震区域监测系统，已覆盖矿井采掘区域，并随工作面推进情况优化布置方案。局部监测采用应力监测法，并采用电磁辐射法、钻屑法等局部检测方法，建立了综合预警平台和在线式声电监测系统。冲击地压危险性监测实行在线实时监测，由专业技术人员综合分析冲击危险性，及时预警，建立了实时预警、处置调度和处理结果反馈制度。

矿井认真研究和确定适应本矿的冲击地压危险性预警临界指标，通过一段时间的冲击危险监测数据积累、分析，结合国家标准，总结出一套适用于红阳三矿的冲击地压危险性预警临界指标体系，当冲击地压危险性监测指标达到预警临界值或程趋势上升时进行预警处置，综合分析冲击地压危险程度；并在工作面生产过程中继续根据现场实际考察资料和积累的数据进一步修正确定冲击地压危险性预警临界指标。矿井已与北京煤科院进行技术合作，开展红阳三矿冲击地压危险性预警临界指标的研究科研项目。

5. 开展煤岩层冲击倾向性鉴定、煤层冲击危险性评价，科学划定冲击危险区域

根据《防治煤矿冲击地压细则》第十条要求："**有下列情况之一的，应当进行煤层（岩层）冲击倾向性鉴定：（一）有强烈震动、瞬间底（帮）鼓、煤岩弹射等动力现象的。（二）埋深超过 400 m 的煤层，且煤层上方 100 m 范围内存在单层厚度超过 10 m、单轴抗压强度大于 60 MPa 的坚硬岩层。（三）相邻矿井开采的同一煤层发生过冲击地压或经鉴定为冲击地压煤层的。（四）冲击地压矿井开采新水平、新煤层。**"矿井严格落实细则要求，委托辽宁工程技术大学开展红阳三矿煤岩层冲击倾向性鉴定和煤层冲击危险性评价。7 煤层及其顶底板、夹矸岩层具有弱冲击倾向性，12-1 煤层无冲击倾向性，12-1 煤顶

板岩层具有弱冲击倾向性，12－1煤层与12－2煤层之间夹矸岩层无冲击倾向性，12－2煤具有弱冲击倾向性，12－2煤下部夹矸（13煤顶板）岩层具有强冲击倾向性，13煤及其底板岩层具有弱冲击倾向性。

6. 编制防冲专门设计，严格组织措施落实

根据《防治煤矿冲击地压细则》第十七条要求："**煤层（矿井）、采区冲击危险性评价及冲击地压危险区划分可委托具有冲击地压研究基础与评价能力的机构或由具有5年以上冲击地压防治经验的煤矿企业开展，编制评价报告，并对评价结果负责。采掘工作面冲击危险性评价可由煤矿组织开展，评价报告报煤矿企业技术负责人审批。**"红阳三矿与辽宁工程技术大学、辽宁大学等科研院校技术合作，完成矿井、采区、采掘工作面冲击危险性的评价与防冲设计，均报公司审批，严格按照"区域先行、局部跟进、分区管理、分类防治"的原则开展冲击地压防治工作。

《防治煤矿冲击地压细则》第二十七条要求："**开采冲击地压煤层时，在应力集中区内不得布置2个工作面同时进行采掘作业。2个掘进工作面之间的距离小于150 m时，采煤工作面与掘进工作面之间的距离小于350 m时，2个采煤工作面之间的距离小于500 m时，必须停止其中一个工作面，确保两个采煤工作面之间、采煤工作面与掘进工作面之间、2个掘进工作面之间留有足够的间距，以避免应力叠加导致冲击地压的发生。相邻矿井、相邻采区之间应当避免开采相互影响。**"按照细则要求，矿方积极进行生产接续和布局调整，首先选择保护层开采，重点围绕开采完毕的保护层区域来编排生产接续，通过开采布局的优化调整，科学规划开采顺序，避免出现孤岛煤柱等人为形成的高应力集中区；留设宽度不超过8 m的小煤柱，降低巷道冲击危险性；避免开切眼和停采线外错形成应力集中；在生产布局上，采取同一采区内回采不掘进、掘进不回采措施，避免采掘相互扰动。

局部防冲措施：采掘工作面根据情况采取煤层钻孔卸压、底板煤层爆破卸压、煤层注水、煤层爆破卸压、顶板水力致裂等局部防冲措施。

《关于加强煤矿冲击地压防治工作的通知》（煤安监技装〔2019〕21号）第5条明确要求："**具有冲击危险的采煤工作面安全出口与巷道连接处超前支护范围不得小于70米，综采放顶煤工作面或具有中等及以上冲击危险区域的采煤工作面安全出口与巷道连接处超前支护范围不得小于120米，超前支护优先采用液压支架。煤巷掘进工作面后方具有中等及以上冲击危险的区域应当再采用可缩支架加强支护。**"矿方在文件要求基础上进一步加强巷道支护：煤巷掘进工作面采用锚网索支护，下幅煤层、中等以上冲击地压危险区域再采用可缩支架加强支护；采煤工作面超前支护范围不少于220 m，并采用液压支架支

护。采掘工作面设立限员禁员管理站，严格执行"人员准入制度"；要求作业人员穿戴防冲服、防冲帽；制定了井下劳动定员管理规定，规定了冲击地压煤层的掘进工作面 200 m 范围内进入人员不得超过 9 人，采煤工作面及两巷超前支护范围内进入人员生产班不得超过 16 人、检修班不得超过 40 人；工作面采煤生产作业期间，运输、回风巷实行封闭管理，严禁人员进入。

9.4 2017 年"11·11"冲击地压事故分析

9.4.1 事故工作面概况

事故工作面为西三上采区 702 综采工作面。该工作面位于西三上采区胶带下山以北，北至 7 煤层风氧化带，东临北二区 7 煤采空区及西一区 700 采空区（采空区与 702 综采工作面呈平面垂直关系，煤柱宽度 31 ~ 45 m），西为未采动区（图 9 - 1）。开采深度为 - 993.6 ~ - 1080.8 m。

西三上采区 702 工作面设计长度 2418 m，可采走向长度 2206 m，工作面倾斜长度 200 m，现已开采 1740 m，剩余可采长度 466 m。工作面煤层赋存稳定，属于复合煤层，由 7 - 1 煤、7 - 2 煤、7 - 3 煤组成，煤层厚度 2.15 m，夹矸厚度 1.05 m，设计采高 3.2 m。工作面煤层直接顶为泥岩，平均厚 10.3 m，基本顶为粉砂岩，平均厚 7.6 m，底板为 0.61 m 厚的泥质粉砂岩与 8.88 m 厚的中砂岩。

工作面回风巷揭露断层包括 F_2 断层（$H = 0.7$ m，$\angle 57°$）、F_3 断层（$H = 0.6$ m，$\angle 60°$）、F_4 断层（$H = 0.9$ m，$\angle 38°$）和 F_5 断层（$H = 0.4$ m，$\angle 46°$）。

工作面采用 ZY10000/15/33D 型液压支架支护，运输、回风巷道采用金属网、锚杆、锚索联合支护。西三上采区 702 工作面配风量为 1676 m^3/min。

回风巷道净高 3.2 m，净宽 4.2 m，运输巷道净高 3.3 m，净宽 4.6 m。两巷道顶板采用 5 根直径为 21 mm、长度为 6.5 m 的锚索支护。锚索支护排距为 0.8 m，巷帮采用直径为 20 mm、长度为 2.2 m 的锚杆支护，锚杆间距为 0.7 m，排距为 0.8 m。工作面运输巷和回风巷采用锚杆、锚索、金属网联合支护。

9.4.2 事故发生及抢险救援经过

1. 事故经过

2017 年 11 月 11 日甲班全矿入井人数 470 人，其中西三上采区 702 工作面 26 人（采煤队 16 人、打钻队 8 人、安监员 1 人、瓦斯检查工 1 人），如图 9 - 2 所示。2:30，工作面正在落煤作业时，综采二队班长周某生（在工作面 40 号液压支架处）听到"轰"的一声响，工作面跳电，风也停了。他立即使用扩音电话通知在工作面 75 号液压支架附近的张某子，让其去工作面刮板输送机机尾通知侯某昌、王某军一起沿回风巷道撤离工作面。张某子到机尾处发现工

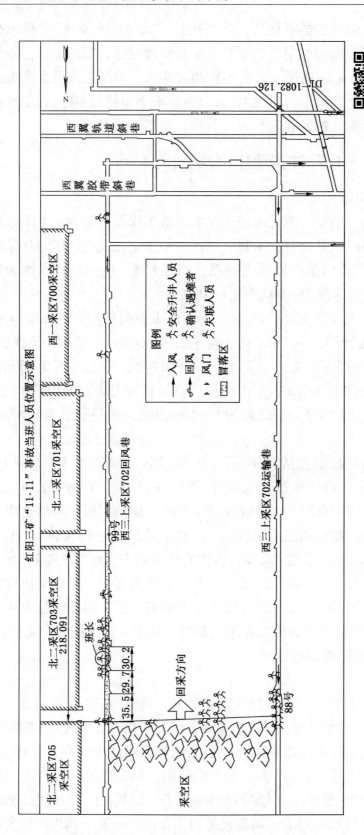

图 9 - 2　事故当班人员位置示意图

作面上口已经堵死，侯某昌被埋人事不省，遂将侯某昌扒出抬到116号液压支架后，使用扩音电话喊人救援。随后，副队长吴某彦带领班组10人到机尾处开展救援。因被埋人员王某军被工字钢、单体支架及煤矸埋住，当时没有破拆工具，而且王某军已无生命迹象，现场瓦斯又在迅速上升，无法继续营救。众人于是将侯某昌救出升井。

2. 救援情况

事故发生后，西三上采区702工作面综采二队当班作业人员将被埋的侯某昌救出。其升井后经抢救无效死亡，另有9人被困井下，其中抽采队8人，综采二队采煤班1人。沈煤矿山救护队于11日3:50到矿加入救援。经过抽排瓦斯、修复受损巷道，13日21:50，救援人员进入702工作面上口并发现第二名遇难人员。26日10:30，最后一名遇难人员被抬出升井，救援工作基本结束。此次事故共造成10人死亡。

3. 事故现场勘查情况

1）事故波及范围及巷道破坏情况

事故发生后，西三上采区702工作面上口向外约218 m巷道严重破坏，通风阻断。事故发生后专家组先后3次现场勘察发现：距离工作面上出口204～218 m范围内巷道上帮煤体向下帮煤壁侧整体滑移3.0 m，巷道顶部留有1.7～1.8 m宽、0.5～0.6 m高的空间；距离工作面上出口181～204 m范围内巷道顶底板破坏程度较轻，顶板基本保持完整，底板轻微底鼓，巷道上帮煤体整体推移至下帮煤壁，巷道基本合拢。位于巷道上帮煤壁侧的瓦斯抽放管、风管、水管、轨道、轨道枕木全部被推移至巷道下帮煤壁，部分区段瓦斯抽放管路挤压变形严重。巷道上帮大部分锚杆锚固剂脱粘失效，部分锚索拉断，巷道顶板锚索露出部分向巷道下帮侧弯曲，未见顶板锚索破断。距离工作面上出口173～181 m范围内，巷道上帮向下帮移动1.2～1.5 m，顶板局部出现网兜，底鼓严重。工作人员在距离工作面上出口96～173 m的巷道翻修救援时，在煤壁侧紧贴巷道上帮掘进，发现巷道破坏情况十分严重，基本表现为巷道合拢，部分区段存在巷道底鼓、顶板下沉，顶底板距离仅剩0.3 m；距上出口93.3～96 m巷道顶板下沉；距离工作面上出口83.8～93.3 m范围救援结束，考虑安全因素，巷道未掘透；距离工作面上出口5.3～83.8 m范围内，巷道基本合拢；距离工作面上出口0～5.3 m范围内，部分单体支柱压弯、工字钢顶梁弯曲，部分锚杆失效，刮板输送机掀翻，巷道底鼓严重。巷道现场破坏素描图如图9-3所示。

2）事故造成瓦斯涌出情况

事故发生后，工作面甲烷传感器（25A6）和上隅角甲烷传感器（25A7）线路受到破坏断电，回风流甲烷传感器（25A12）数据显示：2:38达到1%，

2:44 达到 10%，3:04 达到 16.3%，3:32 回落到 10%，5:41 回落到 1% 以下。西三上采区 702 工作面甲烷传感器设置如图 9 - 4 所示。巷道破坏照片如图 9 - 5 所示。

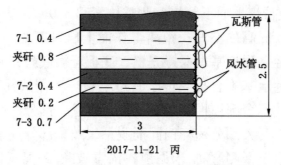

西三上采702回顺切眼侧迎头断面图
1:30

(a) 距工作面上出口 3.3 m (工作面侧主视图)

西三上采702回顺工作面上口断面图
1:30

(b) 距工作面上出口 83.8 m (工作面侧主视图)

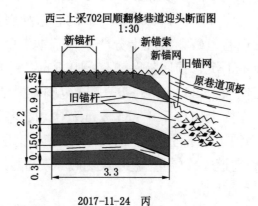

西三上采702回顺翻修巷道迎头断面图
1:30

(c) 距工作面上出口 95.6 m(工作面侧主视图)

西三上采702回顺翻修巷道迎头断面图
1:30

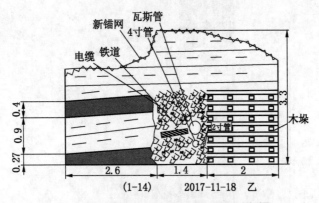

(d) 距工作面上出口 173 m(回风巷侧主视图)

西三上采702回顺翻修巷道迎头断面图

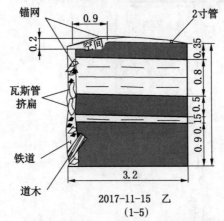

(e) 距工作面上出口 198 m(回风巷侧主视图)

西三上采702回顺翻修巷道迎头断面图
1:30

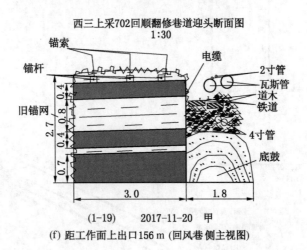

(f) 距工作面上出口156 m (回风巷侧主视图)

图 9-3　救援过程中揭露巷道破坏典型素描情况

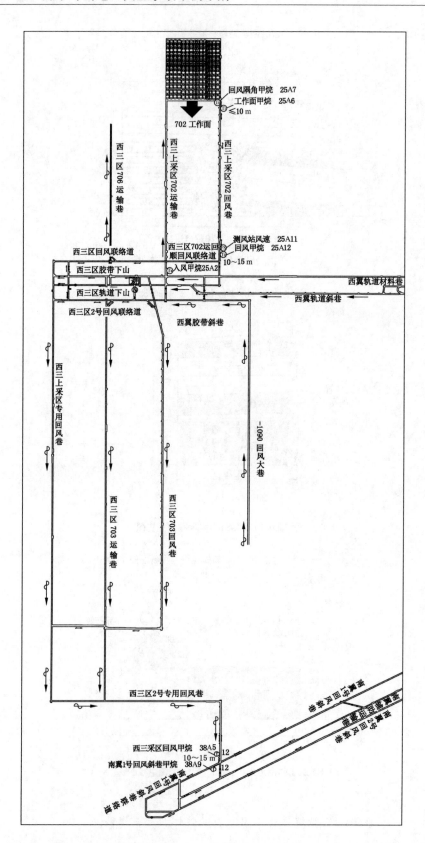

图 9-4 西三上采区 702 工作面甲烷传感器设置

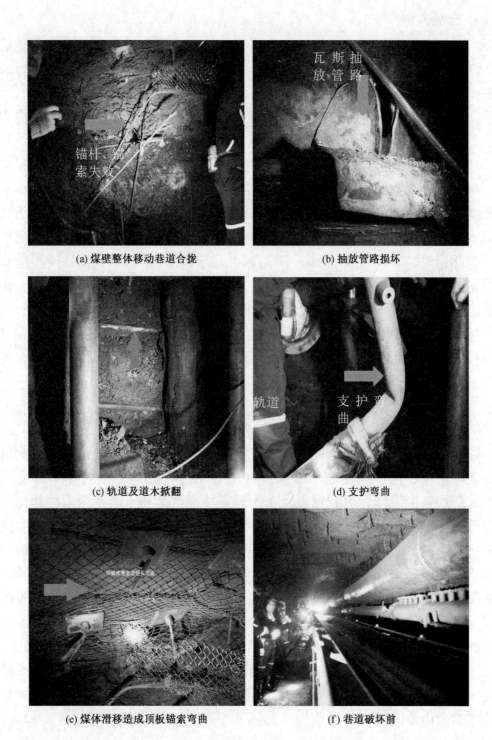

(a) 煤壁整体移动巷道合拢　　　　(b) 抽放管路损坏

(c) 轨道及道木掀翻　　　　　　　(d) 支护弯曲

(e) 煤体滑移造成顶板锚索弯曲　　(f) 巷道破坏前

图9-5　事故造成巷道破坏照片

4. 事故原因

（1）702 工作面具备产生冲击地压的条件。西三上采区 702 工作面地表标高 +21.1 ~ +25.5 m，井下标高 −993.6 ~ −1080.8 m，开采深度达到 1100 m 左右，属深部开采矿井。矿井原岩应力水平较高。事故区域位于北二采区大范围采空区边缘，采区边界煤柱中应力集中程度较高，加之本工作面采动应力影响，处于高应力临界失稳状态，遇动载扰动便突然破坏。

（2）矿井大范围岩层断裂与垮落为本次冲击地压的发生提供了力源与能量。事故区域煤柱的顶板为泥岩，在断层的切割作用下，煤柱形成分离体，遇顶板断裂动载扰动导致煤层与顶板、底板间的摩擦作用减弱（超低摩擦现象）。在顶板断裂引起的水平推力作用下，煤柱呈现大位移整体滑动破坏。

与此同时，2017 年 11 月 11 日 2:26，辽宁省地震局 24 个台站同步监测到浅源塌陷性地震，震级为 2.4 级，位于东经 123.21°、北纬 41.51°的本工作面附近。

（3）西三上采区 702 工作面回风巷上帮支护形式为锚网支护，每排施工 3 根锚杆，间排距为 700 mm×800 mm，锚杆直径为 20 mm，长度为 2.2 m，在具有冲击危险条件下巷道支护强度偏低。

9.5　问题及解答：事故地点为何会出现超低摩擦现象

随着开采深度的增加，冲击地压发生的频度和强度愈趋严重。基于深部开采的实际情况，这里提出超低摩擦型冲击地压这一概念，以岩体超低摩擦效应、深部块系煤岩体为研究对象，考虑垂直冲击载荷和垂直地应力的作用，建立超低摩擦型冲击地压块体模型，推导块系煤岩体接触界面法向动力荷载随时间变化关系的表达式。研究结果表明：在冲击载荷作用下，深部块体接触界面法向荷载随时间呈周期性波动变化，冲击地压的发生存在于临界深度区域，在临界深度区域时接触界面法向动力荷载波动周期较小，波动频率较快，说明开采深部不同，接触界面法向荷载随时间变化而急剧变化，800 ~ 1200 m 深度对应接触界面法向荷载随时间变化率的最大值与深度之间满足三次多项式关系；随着冲击荷载强度增大，接触界面法向荷载最大降幅先减小后增加，最后趋于恒定，且冲击荷载强度为 1 MPa 时，接触界面法向荷载最大降幅最小，接触界面的摩擦力由静摩擦变为动摩擦，如遇水平扰动，煤岩体将突然滑出和抛出，产生岩体超低摩擦效应，极易发生冲击地压。这种现象称为超低摩擦现象。

红阳三矿事故区域煤层顶板为泥岩，附近断层侵入将煤层切割成煤柱分离体，遇顶板断裂造成的垂直向和水平向的动载反复强扰动，导致煤层与顶板、底板间的摩擦作用减弱、甚至极弱。当达到临界条件时，发生超低摩擦效应，煤柱向自由空间瞬间发生大位移整体滑动,使得巷道完全堵塞,发生超低摩擦型冲击地压。红阳三矿事故灾害示意图如图9-6所示。由顶板、煤柱、底板等组成的事故区域发生的超低摩擦型冲击地压,可简化为块系岩体模型中工作块体在垂直和水平冲击下的水平移动问题。如图9-7所示为"11·11"冲击地压事故巷道平移示意图。

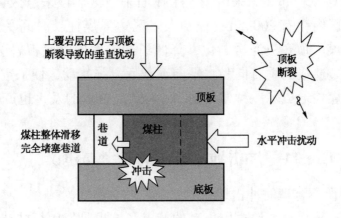

图9-6 "11·11"冲击地压破坏原理图

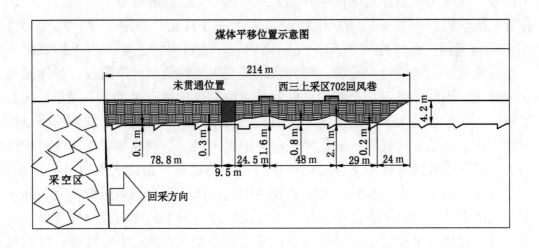

图9-7 "11·11"冲击地压事故巷道平移示意图

(1) 根据红阳三矿西三上采区煤系地层综合柱状图,7煤上方赋存有三层坚硬岩层,分别是:煤层上方11.92 m厚8.06 m的粉砂岩、煤层上方40.66 m两层累厚9.35 m的粉砂岩和中砂岩、煤层上方90.59 m三层累厚17.97 m的中砂岩、细砂岩和粉砂岩。这些坚硬岩层在相邻采空区容易形成大面积悬顶。在开采过程中,大面积悬顶产生周期性垮落,为超低摩擦提供了震动应力波。

（2）西三上采区 702 工作面冲击位置受断层切割影响，工作面回采正在通过一个小断层群，包括 F_2 断层（$H = 0.7\,m$，$\angle57°$）、F_3 断层（$H = 0.6\,m$，$\angle60°$）、F_4 断层（$H = 0.9\,m$，$\angle38°$）、F_5 断层（$H = 0.4\,m$，$\angle46°$），并且工作面回风巷前方破坏地点结束段存在 F_1 断层（$H = 0.7\,m$，$\angle46°$）。受断层切割，巷道破坏段煤体与周围煤岩体分离，易突然发生滑移或破坏。

（3）破坏地段相邻北二采区 703 工作面采空区。该采空区自 2006 年开采完毕后，采空区内存有 20045 m^3 积水，采区边界煤柱长时间受采区积水的浸水作用，导致煤层顶底板泥岩弱化，降低了冲击发生时底板岩层的摩擦阻力；同时受顶板断裂造成的垂直向和水平向动载反复强扰动，使采空区内大量的积水对采区边界煤柱形成了一种"推力"，为此次事故的发生也产生了一定的动力源。

9.6 关于"11·11"冲击地压事故的思考与建议

1. 煤柱留设不合理对冲击地压的影响

红阳三矿有采深大、原岩应力高的特点，这也是发生煤柱冲击地压的主要条件。顶板活动是发生冲击地压的主要力源，因红阳三矿"11·11"事故发生位置正处于采煤工作面顺槽与其侧方采空区之间遗留的煤柱上，侧方采空区存有积水。根据《煤矿防治水细则》第九十三条规定：防隔水煤柱尺寸不得小于 20 m。但实际煤柱宽 32 m，受采动影响，遗留煤柱过宽，附近的煤岩体不可避免地进入塑性变形阶段，部分区域甚至进入峰值后变形阶段，煤体呈现应变软化。因软化区不是足够大，也就是所谓的煤柱留设过宽，不满足系统失稳条件，变形系统的平衡是稳定的。但是，由于煤的流变特性，其变形将继续增加，裂纹裂缝继续发展，软化区进一步扩大，最终达到临界状态。此时在采动、打钻等外界因素扰动下，煤体就会发生失稳破坏。由此次事故分析说明：煤柱越窄对预防冲击越有利，因为窄煤柱中的煤体几乎全部被压酥，其内部就不存在冲击核，也就不会存在大量的弹性能，发生冲击地压的危险性就小；同时，留设煤柱宽度要大于保证煤柱不被压垮、不发生裂隙向采空区或者顺槽漏风、渗水的最小煤柱尺寸。《防治煤矿冲击地压细则》第三十三条已明确规定：**"对冲击地压煤层，应当根据顶底板岩性适当加大掘进巷道宽度。应当优先选择无煤柱护巷工艺，采用大煤柱护巷时应当避开应力集中区，严禁留大煤柱影响邻近层开采。"**

2. 相互扰动作业对冲击地压的影响

《关于加强煤矿冲击地压防治工作的通知》（煤安监技装〔2019〕21 号）第 9 条已明确规定：**"严格限制多工序平行作业。采动影响区域内严禁巷道扩**

修与回采平行作业。采煤工作面与掘进工作面实施解危措施时（含预卸压措施）必须撤出与防冲措施施工无关的人员。撤离解危地点的最小距离：强冲击危险区域不得小于 300 米，中等冲击危险区域不得小于 200 米，其他区域不得小于 100 米。"红阳三矿"11·11"冲击地压事故发生时，工作面正处于割煤作业，且回风巷正在进行打钻作业（发生事故地点）。采动及打钻相互叠加的扰动也是本次事故的原因之一。从系统稳定性概念、失稳形式、冲击地压发生的扰动响应失稳机理的判别准则考虑：煤岩材料地下开挖受应力扰动，随着应力扰动增大，煤体逐渐储存弹性能，当接近煤岩材料强度时，使煤体细观裂纹产生、扩展、终止的塑性耗能响应超过煤岩材料强度时，裂纹便进一步产生并趋于集中区域，储存的弹性能开始释放。当释放弹性能的二阶变分大于塑性耗能的二阶变分时，系统失稳，发生冲击地压；释放弹性能的二阶变分小于塑性耗能的二阶变分时，系统稳定，终止冲击地压发生。发生冲击地压前的储能和耗能、应力和应变、缺陷的产生和终止的变化以及这一过程所具有的物理现象称作冲击地压的前兆。从控制冲击地压发生的影响因素考虑，就是控制相互扰动作业以避免应力叠加，从而有效地控制冲击地压的发生。

3. 加强支护对冲击地压的影响

《防治煤矿冲击地压细则》第八十条规定："冲击地压危险区域的巷道必须采取加强支护措施，采煤工作面必须加大上下出口和巷道的超前支护范围与强度，并在作业规程或专项措施中规定。加强支护可采用单体液压支柱、门式支架、垛式支架、自移式支架等。采用单体液压支柱加强支护时，必须采取防倒措施。"红阳三矿"11·11"冲击地压事故发生的工作面主要采用锚杆（锚索）支护，都是按照静态矿压进行巷道支护设计的。发生冲击地压事故时，支护会显得相对薄弱，因此对于冲击地压矿井巷道支护，应通过提高其支护强度来提高巷道的抗冲击能力，通过提高支护体承载力、加大支护密度或采取联合支护等方式增加对围岩的支护力度，并使支护体与围岩通过合理互馈形成一种刚性的支护状态。无论在围岩蠕变、微震还是突发较大冲击地压时，系统总是以较大的刚度抵抗外界扰动，防止围岩局部突发形变或破坏，保护围岩结构及整个支护系统的完整性与稳定性，从而保证巷道及内部人员、设备的安全。因此，在可能产生超低摩擦的高应力区采取加强支护措施，可采用防冲吸能液压支架或其他可靠的巷道液压支架，主动地提高巷道抗冲击能力。

4. 提高对冲击地压现象的认识是灾害治理的关键

红阳三矿自 2013 年开始，井下便已出现有震感的"煤炮"现象，伴随煤炮偶尔会出现局部底鼓的微小破坏，但矿方却没有相关记录和统计数据。

事实上，包括我国在内，世界上其他许多国家如波兰、俄罗斯、美国、德国、澳大利亚、南非等 20 余个国家很多矿井都有冲击地压现象的发生。我国是煤矿冲击地压灾害最严重的国家之一，截至目前已有 319 个矿井发生过冲击地压。若矿方自 2013 年刚开始有冲击显现时就重视起来并开展对冲击地压灾害的研究与治理，那么也许将对此次事故起到决定性的改善作用，甚至避免此次事故的发生。现如今，有些矿井仍然存在着担心被戴上冲击地压矿井"帽子"的现象，对煤矿冲击地压灾害认识的程度不够深，害怕被定为冲击地压矿井后，按照要求需要装备很多设备，并且投入大量资金。而且有一部分冲击地压矿井，仅凭着自己的"工作经验"去做防冲工作，缺少科学依据。随着开采及地质构造条件的变化，在灾害程度日益增加的情况下，矿方若未能及时调整、加强防治手段，还是按照"老一套"的方法进行"敷衍"性治理，防治措施肯定不能满足现场实际情况的需要，从而导致冲击地压事故发生。目前，冲击地压发生机理的复杂性研究已经引起各国学者的关注，国际岩石力学学会也成立了冲击地压研究小组，在防治冲击地压的预测、监测、防治、支护方面均已取得有效的进展。因此，矿方应多与科研院校合作，从而进一步深入掌握冲击地压灾害的源头，最终通过现场的实际经验与科研院校的研究理论相结合，总结出既与现场实际相吻合又科学的防治方法，才能有效地预防冲击地压灾害，尽量控制不发生冲击地压，最终实现安全生产。

10　梁宝寺煤矿"8·15"冲击地压事故

10.1　事故概况

2016年8月15日0:33，山东能源肥矿集团梁宝寺能源有限责任公司（以下简称梁宝寺煤矿）35000采区集中皮带巷发生冲击地压事故。事故发生时，该矿下井人数110人，在事故区域附近作业的有38人。经过搜救，在35000集中轨道巷和35002轨道顺槽交叉口处发现2名职工受伤，经抢救无效死亡。

综合分析认为，本次事故属于高静载环境中，煤体在无扰动或微小扰动条件下出现局部材料破坏而引起的应变型冲击地压。

10.2　矿井概况

梁宝寺煤矿位于山东省西南部嘉祥县城西北约20 km，行政区划属济宁市嘉祥县。井田位于巨野煤田东部，南北长约11.4 km，东西宽约8.4 km，面积约为95 km²，其东、西边界均依断层而划，东侧为F_1断层、西侧为F_{13}断层，都是落差大于700 m的大型断层，南以人为边界与龙祥矿业有限责任公司相邻，北至L_8、L_9、L_{10}矿区拐点坐标（表10-1），其位置如图10-1所示。

表10-1　梁宝寺井田范围拐点坐标表（1980西安坐标系）

点号	坐　标		点号	坐　标	
	纬距（X）	经距（Y）		纬距（X）	经距（Y）
L_1	3933264.04	39432384.26	L_7	3936794.14	39422604.23
L_2	3932064.05	39431044.24	L_8	3941404.16	39422974.27
L_3	3929634.06	39428044.20	L_9	3940554.13	39426164.28
L_4	3930664.07	39426924.21	L_{10}	3942729.12	39429089.31
L_5	3931054.10	39423244.19	L_{11}	3939164.08	39431594.30
L_6	3932704.12	39422344.20	L_{12}	3936034.06	39432154.28
开采标高	+40 ~ -1200 m				

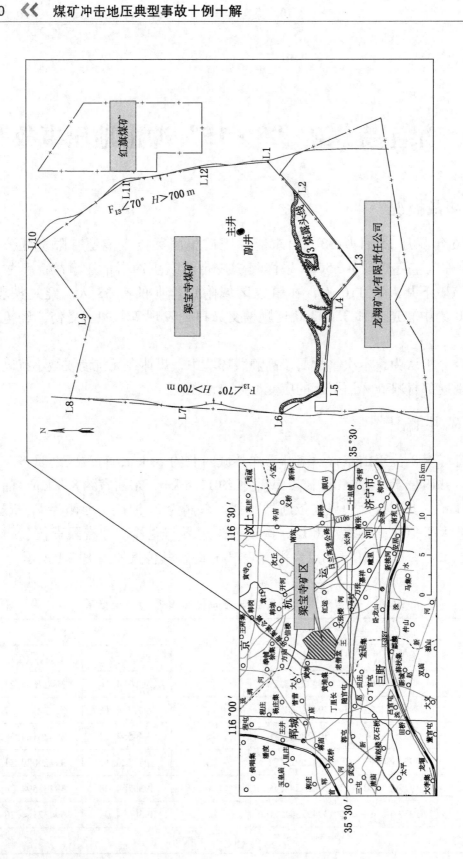

图 10－1　梁宝寺煤矿位置及四邻关系

10.2.1 井田地层

梁宝寺煤矿位于巨野煤田的东部，井田内地层据钻孔揭露自下而上有：奥陶系（O）、石炭系（C）、二叠系（P）、新近系（N）及第四系（Q）。井田地层综合柱状图如图 10 - 2 所示。

10.2.2 可采煤层情况

本井田可采煤层包括 3($3_上$) 煤层和 $3_下$ 煤层。

（1）3($3_上$) 煤层。3($3_上$) 煤层位于山西组中、下部，上距石盒子组 A 层铝土岩平均 184.66 m，下距 6 煤层 31.47 ~ 100.85 m，平均 65.09 m，距三灰 39.97 ~ 117.20 m，平均 76.87 m。全井田 79 点穿过，其中：见正常煤层 72 点（可采点 69 个，不可采点 3 个），冲刷点 2 个，断缺（薄）点 4 个，剥蚀点 1 个。该煤层为厚煤层，煤层厚度 0 ~ 9.23 m，平均 3.91 m，除西部个别钻孔附近，因煤层冲刷出现无煤区及不可采区外，其余地段均可采。可采区内煤层厚度 0.92 ~ 9.23 m，平均 4.07 m，可采系数（K_m）96%。全层煤厚变异系数（γ）49%，面积可采率 85.78%，属较稳定煤层。煤层结构复杂，含夹石 0 ~ 4 层（大部分钻孔含夹石 0 ~ 2 层，个别钻孔含夹石 3 ~ 4 层），厚度 0 ~ 1.12 m。夹石岩性多为炭质泥岩及泥岩，煤层顶板为泥岩和粉砂岩，个别点为细砂岩及中砂岩，煤层底板为泥岩和粉砂岩。本煤层结构复杂，属大部可采较稳定煤层。

（2）$3_下$ 煤层。$3_下$ 煤层位于山西组下部，上距 $3_上$ 煤层 0.76 ~ 37.24 m，平均 11.20 m，下距三灰 48.20 ~ 84.94 m，平均 65.49 m。全井田 21 点穿过，均为正常煤层见煤点，其中：可采点 15 个，不可采点 6 个。经煤岩层对比并结合钻探、三维地震资料分析后，认为该煤层为局部可采煤层。该煤层为中厚煤层，煤层厚度 0 ~ 4.76 m，平均 1.82 m，可采区内煤层厚度 0.80 ~ 4.76 m，平均 2.36 m，可采系数（K_m）71%。全层煤厚变异系数（γ）82%，面积可采率 18.32%，属极不稳定煤层。煤层结构简单，大部分钻孔不含夹石，个别钻孔含夹石 0 ~ 2 层，夹石厚度 0 ~ 0.5 m。夹石岩性为炭质泥岩及泥岩，煤层顶板为泥岩和粉砂岩，个别点为细砂岩及中砂岩，煤层底板为泥岩和粉砂岩。本煤层结构简单，属局部可采极不稳定煤层。

10.2.3 矿井生产系统

全矿井设计生产能力为 300 万 t/a，服务年限 51.4 a，分两个水平开采：一水平 - 708 m，二水平 - 1020 m。其中，一水平设计生产能力 180 万 t/a，服务年限 43.2 a；二水平设计生产能力 120 万 t/a，服务年限 63.7 a。

矿井采用竖井开拓，均开采矿井 3($3_上$) 煤层。全矿井共划分为 10 个采区，以断层 F_{36} 及西侧延长线为界，以南为一水平，以北为二水平。一水平共划分 6 个采区，即一、二、三、四、七、八采区；二水平共划分 4 个采区，即五、

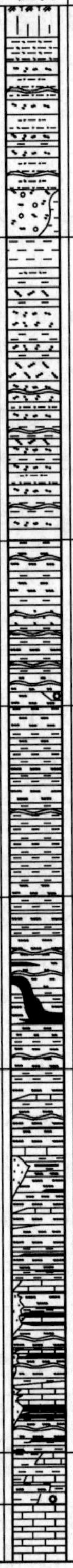

地 层 系 统				综合柱状	地层厚度/m	岩 性 描 述
界	系	统	组			
新生界 Kz	第四系 Q				$\dfrac{96.10\sim166.50}{119.14}$	井田中部较薄,四周较厚,主要由冲积洪积相沉积的黄色、黄褐色、灰褐色黏土、粉砂质黏土、砂、砂砾等组成。底部以绿灰色、褐黄色黏土为主,局部含砾或铁锰质小结核,不整合于下伏地层之上
	新近系 N	上新统——中新统			$\dfrac{211.85\sim368.73}{287.06}$	西北部厚,东部和南部较薄,主要由半固结黏土、砂质黏土及粉砂、细砂组成。 上段(N₂):主要由浅黄-浅红色和褐色黏土、砂质黏土以及粉砂、细砂组成,含较多钙质结核及铁锰质结核,砂层所占比例较高 下段(N₁):主要由灰白一灰绿色和褐色黏土、砂质黏土组成。底部为含砾黏土或黏土质砂砾层,与下伏地层呈不整合接触
古生界 Pz	二叠系 P	上石盒子统 P₂	上石盒子组 P₂₈		$\dfrac{0\sim787.45}{317.90}$	厚度由南向北逐渐增大。主要由杂色泥岩,粉砂岩,灰绿色中、细砂岩组成。上部有厚层状灰白色石英砂岩作为区域对比的标志;中部有一层较稳定的铝土岩;下部有柴煤段层位,可作为井田内岩层对比标志 本组属于热条件下河湖相沉积,与下伏地层呈整合接触
			下石盒子组 P₂ₓ		$\dfrac{0\sim135.50}{50.64}$	上部以黄绿、灰、紫色泥岩、粉砂岩夹灰绿色砂岩,下部为灰白色砂岩夹灰绿色泥岩、粉砂岩,底部以不稳定的厚层状砂岩与山西组分界
		月门沟群 P₁	山西组 P₁ₛ		$\dfrac{28.20\sim150.50}{79.41}$	主要由灰—灰白色中、细砂岩,深灰色粉砂岩,泥岩及煤层组成,上部以暗灰色粉砂岩为主,夹灰色中、细砂岩薄层,中、下部以灰—灰白色中、细砂岩为主,底部多为灰白色中粒砂岩,含大量泥质包裹体,发育波状层理、斜层理等。本组为三角洲平原分流河道相、泥炭沼泽相沉积,含煤3层,自上而下有2、3(₃上)、3煤层,其中3(₃下)煤层为主采煤层,平均3.36 m,属较稳定煤层。 本组以底部细砂岩或砂泥岩互层与太原组分界,整合于太原组地层之上
			太原组 P₁		$\dfrac{106.60\sim233.70}{182.15}$	本组主要是海陆交互相沉积,沉积环境稳定,旋回结构与粒度韵律清晰,由深灰色粉砂岩、泥岩、灰色砂岩、石英砂岩及煤层组成,夹薄层灰岩11层(一、二、三、五、六、七、八、九、十上、十下、十一)以三、十下灰岩分布普遍,厚度较稳定,为良好的标志层;含煤24层,其中16、17煤层局部可采,其他煤层不可采或仅有零星可采点。本组整合于本溪组地层之上
	石炭系 C	上统 C₂	C₂+P₁ₜ			
			本溪组 C₂ᵦ		$\dfrac{3.50\sim26.95}{14.46}$	由杂色泥岩、粉砂岩、石灰岩及灰色细砂岩组成;含两层石灰岩(十二、十三灰),十三灰分布较稳定。本组与下伏奥陶系地层呈假整合关系
	奥陶系 O	中下统 O₁₋₂			±742	以浅灰色、灰褐色中厚层状石灰岩为主,间夹多层白云岩及薄层状灰绿色泥岩,岩溶较发育

图 10-2 梁宝寺煤矿煤矿井田地层综合柱状图

六、九、十采区。所有采区均采用走向长壁后退式一次采全高采煤法，顶板管理方法为全部垮落法，通过注浆及洒阻化剂方式以防止煤层自然发火。采区布置示意如图 10 - 3 所示。

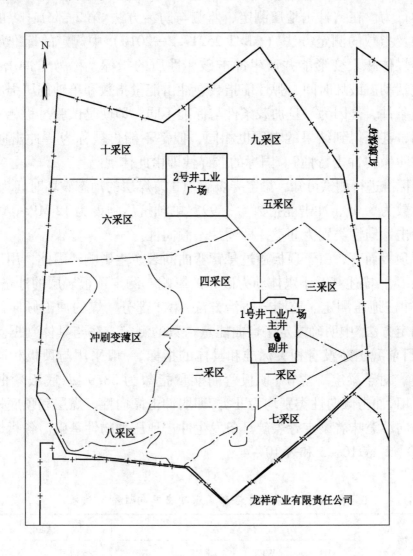

图 10 - 3　矿井采区划分示意图

10.3　梁宝寺煤矿冲击地压情况

10.3.1　冲击地压基本情况

1. 煤岩物性基础

梁宝寺煤矿主采平均厚度为 3.91 m 的 3($3_{上}$)煤层，其煤层顶板为泥岩和粉砂岩，个别地点为细砂岩及中砂岩，底板则为泥岩和粉砂岩。

为弄清主采煤层的冲击倾向性，梁宝寺煤矿开展了冲击倾向性测定工作。当然，煤层具有冲击倾向性即自身物性不是评价冲击地压煤层的唯一条件。因为对于冲击地压而言，外部应力环境需要与介质自身物性共同作用才能形成具体的力学行为。在《冲击地压测定、监测与防治方法 第 2 部分：煤的冲击倾向性分类及指数的测定方法》（GB/T 25217.2—2010）中规定的标准加载条件下，描述煤体积聚变形能并产生冲击破坏性质的指标，称为"冲击倾向性"指标，包括动态破坏时间、弹性能指数、冲击能量指数和单轴抗压强度。强调标准加载条件，是因为一旦加载条件与标准不同，即便是试验过程相同、计算方法相同，甚至得到结果的本质也相同，但都不能再被称为"冲击倾向性"，而只能被叫做"冲击特性"。国标的严谨性即由此体现。

按照标准进行测试可知，梁宝寺煤矿 $3(3_{上})$ 煤层的动态破坏时间为 772 ms，弹性能指数为 3.05，冲击能指数为 3.99，单轴抗压强度为 12 MPa。综合判定该煤层冲击倾向性类别为 Ⅱ 类，即弱冲击倾向性。

对于顶板而言，由于顶板通过悬臂弯曲断裂产生影响，因此，用顶板弯曲能量指数 U_{WQS} 描述其对于煤体动力破坏的影响，测定顶板岩层的冲击倾向性。为此，《冲击地压测定、监测与防治方法 第 2 部分：煤的冲击倾向性分类及指数的测定方法》中明确规定了弯曲能量指数的测定方法与具体判据。对于底板岩层，目前我国还没有相关标准和具体的指标，一般采用与顶板相同的方法进行测定。对于梁宝寺煤矿，顶板弯曲能量指数为 28.9 kJ，底板弯曲能量指数为 117 kJ，冲击倾向性类别均为 Ⅱ 类，即弱冲击倾向性。煤层和顶底板均具有弱冲击倾向性意味着梁宝寺煤矿具备发生冲击地压的物性基础。各指标测试结果见表 10 - 2、表 10 - 3 和表 10 - 4。

表 10 - 2　梁宝寺煤矿 3 煤冲击倾向性鉴定结果

类　型	指　　数				鉴定结果	
	DT	WET	KE	Rc	类别	名　称
梁宝寺煤矿 3 煤	772	3.05	3.99	12.0	Ⅱ	弱冲击倾向性

表 10 - 3　梁宝寺煤矿 3 煤顶板冲击倾向性鉴定结果

类型	岩性	岩层厚度/ m	抗拉强度/ MPa	弹性模量/ GPa	单位宽度覆岩 荷载/MPa	弯曲能量 指数/kJ	鉴定结果	
							类型	名称
梁宝寺煤矿 3 煤顶板	粉砂岩	2.89	6.23	10.69	0.07225	28.9	Ⅱ类	弱冲击 倾向性

表10 - 4　梁宝寺煤矿 3 煤底板冲击倾向性鉴定结果

类型	岩性	岩层厚度/ m	抗拉强度/ MPa	弹性模量/ GPa	单位宽度覆岩荷载/MPa	弯曲能量指数/kJ	鉴定结果	
							类型	名称
梁宝寺煤矿 3 煤底板	细砂岩	4.1	6.69	4.41	0.149	117	Ⅱ类	弱冲击倾向性

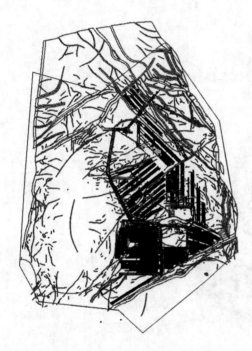

图 10 - 4　梁宝寺煤矿断层分布
（浅灰色为断层）

2. 环境影响因素

冲击倾向性属于煤岩固有属性，具体力学行为如何表现，进而形成冲击危险性，则取决于外部赋存条件及应力环境。

（1）密布的断层。梁宝寺矿区地面相对平坦，标高 +37 ~ +40 m，略呈西南高东北低的趋势，虽然地处平原，但矿区内地质构造的复杂程度却相对较高：经勘探以及井巷工程揭露，落差（H）≥5 m 的断层共 539 条。断层的基本分布特征如图 10 - 4 所示。

梁宝寺煤矿的 539 条断层落差分布如图 10 - 5 所示。

多数断层为受拉形成的正断层，约占总数的 98.88%。虽然不至于像逆断层一样具有天然的挤压型高应力，但断层面的隔断作用一方面使得原岩应力的均匀性大打折扣，另一方面使得采掘过程中应力动态重分布的连续性受到严重干扰。

上面两种情况都会导致局部应力的高度集中和应力分布规律的难以预判。

（2）过千米的埋深。梁宝寺井田共含煤 27 层，山西组 3 层，太原组 24 层，同样受早期复杂地质运动的影响，只有 3（3$_{上}$）、3$_{下}$、16 和 17 煤层可采，4 层煤平均总厚度 7.94 m。而平均厚度为 3.91 m 的 3（3$_{上}$）煤层，其作为主力煤层的开采历史已有 15 年，该煤层采用竖井开拓，分两个水平开采：- 708 m 水平和 - 1020 m 水平。而作为梁宝寺煤矿主采煤层的 3（3$_{上}$）煤层，自 2005 年矿井投产以来一直处于生产状态，在该煤层布设的采区也随着开采的进行，沿着由南向北的趋势逐步向更深处拓延，个别区域的埋深已达到了千米以下。采区布置如图 10 - 6 所示。

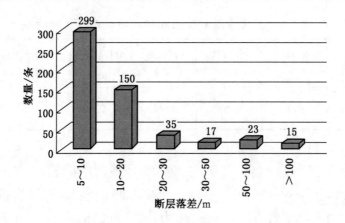

图 10 - 5　梁宝寺煤矿断层统计特征

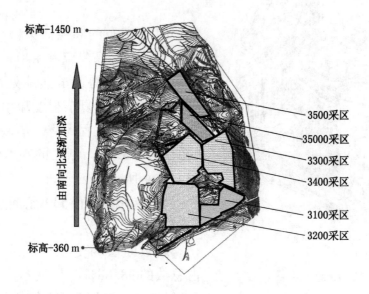

图 10 - 6　梁宝寺煤矿采区分布

已完成回采和正在回采的主力采区埋深情况见表 10 - 5。

表 10 - 5　采区埋深分布情况

采区名称	埋深情况	备注
3100	西翼 600 ~ 700 m，东翼 600 ~ 800 m	回采完毕
3200	560 ~ 740 m，南部较浅，北部较深	回采完毕
3300	西翼 890 ~ 980 m，东翼 550 ~ 1090 m，变化较大	回采完毕
3400	750 ~ 950 m，由南到北逐渐增大	回采完毕
3500	890 ~ 1150 m，由东到西逐渐增大	正在回采
35000	870 ~ 1060 m，由东到西逐渐增大	正在回采

综合而言，梁宝寺煤矿主要采区平均埋深均在600 m以下，且随着采区的向北扩延，整体埋深将进一步增加，局部区域已经延伸至千米以下。地应力测试结果表明：该矿的最大垂直应力达到了25.8 MPa，最大水平应力达到了21.907 MPa，换算成埋深都属于千米量级。

由此看来，梁宝寺煤矿在煤体自身具有冲击倾向性的前提下，在赋存环境方面也兼具了复杂和高应力的特点。

（3）频繁出现的孤岛、异型工作面。在梁宝寺煤矿早期的开采过程中，孤岛工作面具有较高的出现频率：一采区的3108工作面、3106上工作面、3112工作面和3113外工作面、3109工作面、3103工作面、3103上工作面；二采区的3201工作面、3206工作面、3210工作面和3214工作面、3218工作面、3222工作面、3226工作面；三采区的3314工作面；四采区的3416上工作面。同时，刀把型工作面也经常出现，如上述的3103工作面、3201工作面等，在实际回采过程中都会出现应力集中程度较高的现象。

上述工作面虽然都已回采完毕，但在复杂而又高水平的原岩应力条件下，无疑承担了较高的动力失稳风险。而现阶段正在回采的3500和35000采区工作面都采取了条带和顺序开采，避免了孤岛和异型工作面的形成。

（4）煤层冲击危险性评价。根据综合指数法，上述主要采区的冲击危险等级：3100采区中等冲击危险、3200采区弱冲击危险、3300西翼采区中等冲击危险、3300东翼采区中等冲击危险（建议按强冲击危险管理）、3400采区中等冲击危险、3500采区中等冲击危险、35000采区中等冲击危险、3600采区中等冲击危险。

10.3.2 冲击地压事故情况

梁宝寺煤矿主采煤层为3煤层。根据相邻矿区开采3煤层时以及本矿区在回采及掘进过程中的矿压实际显现情况，3煤层多次发生煤炮及部分锚杆拉脱等动力现象，给安全生产带来了影响与潜在的威胁。

根据掌握的资料，在本次事故发生之前，早在2012年3月31日，矿井即出现过造成2人死亡的冲击地压事故。这次事故发生在3301综放面（采深 -936 m，30日已停采）轨道巷停采线外180~310 m三叉口附近，以底板冲击为表现形式，事故地点的埋深大约930 m，且事故发生前工作面已于30日停采，在轻微/无扰动致灾方面与本事故案例极为相似。现场破坏情况如图10-7所示。

具体而言，造成此次事故的关键在于：煤层本身具有强冲击倾向性，天然具有积聚大量弹性能的物性基础；工作面埋深超过900 m，为典型的深部开采工作面；事故地点留有底煤，且底煤厚度达到了3 m，配合周边断层等形成的

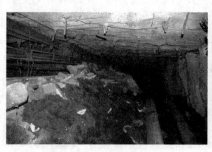

图 10-7 梁宝寺"3·31"冲击地压事故现场破坏情况

构造应力，大幅度增加了底板蓄能的可能；事故区域周围分布着 3305 和 3309 采空区，同时上部包括厚度较大的砂岩顶板，同期地表几乎未产生沉降，顶板中积聚了大量弹性能。

由此看来，梁宝寺矿煤体处于高水平静载的历史由来已久，也正是这一特征导致了即便在扰动不明显的情况下，该矿煤体仍极易出现动力失稳，进而造成冲击地压事故的发生。

10.3.3　冲击地压防治情况

（1）全阶段冲击危险性的获取。冲击危险性获取主要包含开采前的冲击危险性评价和开采中的冲击危险性实时监测。对于采前冲击危险性评价，主要利用综合指数法、可能性指数法、经验类比法、数值模拟等，开展矿井、煤层、采区、工作面等不同尺度的冲击危险性评价，划定采前的冲击危险区域，为针对性设计区域、局部措施提供依据；对于采中实时监测，主要基于应力在线、微震监测、钻屑法等手段，掘进过程采用地音监测以扩充监测数据，通过上述在线监测手段，弥补采前冲击危险性评价对于局部异常区域和动态开采过程相对有限的覆盖能力。

（2）区域性预防措施。优化开拓布局，合理规划采掘接续，避免出现孤岛工作面/煤柱等不利结构；同时针对主采的 3 煤，设计开采其下部的 16 煤作为保护层，降低 3 煤的冲击危险性。

（3）局部冲击危险区治理措施。掘进期间，以大直径钻孔卸压为主，通过改变钻孔深度、间距等参数，应对不同危险级别区域，当出现卡钻、煤炮不断或监测系统红色预警时，停止掘进并进行解危处理；原则上禁止留底煤掘进，当过断层等情况下无法避免底煤留设时，采取断底等措施；回采期间，在施工大直径钻孔卸压且未取得理想效果的情况下，采用煤层卸压爆破强化卸压效果；针对坚硬顶板进行断顶处理；配合煤层注水，保证煤体处于长期的强度弱化状态。以上措施均通过钻屑法、应力在线等监测手段进行效果检验。

（4）冲击地压工作面的管理。结合矿井自身特点，编制矿井、工作面防冲专项措施，重点包括人员管理、个体防护、材料管理、设备管理等。

10.4　2016 年"8·15"冲击地压事故分析

10.4.1　事故概况

梁宝寺煤矿于 2016 年 8 月 15 日 00:33，在 35000 采区发生了一起没有明显扰动源的冲击地压事故。事故微震能量达到了 5.54×10^7 J，导致路过 35000 集中轨道上山与 35002 轨顺四岔门口的 2 名员工被冲击波冲倒受伤，经抢救无效死亡。

本次冲击地压发生地点埋深超过 1000 m，按照传统的厚煤层全煤巷方式布置准备巷道。事故区域对应的煤体由联络巷和集中巷道共同交叉切割，由此形成四面临空的孤岛结构；同时事故区域处于向背斜过渡的翼部位置，在垂直和水平方向都受到压应力的影响。在上述情况下，梁宝寺煤矿在掘进期间针对集中上山区域实施了卸压措施，且在事故发生前再次采取了相应措施处理，而之后对应区域内的微震事件也表现出了相对缓和的发展趋势。但由于大埋深以及褶曲所形成的高水平应力叠加，致使煤体处于敏感的临界平衡状态，即便远离开采扰动区域，仍使其在微小扰动，甚至仅靠自身变形破坏的条件下，诱发冲击地压事故的发生。其发生位置及现场破坏情况如图 10-8 所示。

应当承认，以现有技术装备水平，完全杜绝冲击地压的发生仍然具有极高的难度。尤其是，在高水平原岩应力的作用下，存储大量弹性能的煤体处于"极限平衡"的状态。

10.4.2　事故采区基本情况

（1）采区四邻关系。35000 采区位于井田东中部东侧，是被 XF_{13}、F_7 断层和二号井工业广场保护煤柱及 3400 采区边界切割形成的采区。工作面沿北西—南东方向布置，单翼开采，开采上限 -830 m，开采下限 -1020 m。

（2）采区回采情况。35000 采区西翼已回采两个条带工作面。

（3）地质构造情况。35000 采区沿 XF_{13} 大断层走向布置，采区中部有 DF_{413}、F_{36} 断层，落差 10 余米，其余有一些落差小于 5 m 的小断层。35000 大巷北端临近岩浆岩露头，使附近煤体承受较高的构造应力作用。岩浆岩附近约 500 m 范围是构造应力影响区，其冲击危险性较高。

（4）顶底板情况。工作面顶板岩层中没有巨厚（单层厚度大于 50 m）坚硬岩层（单轴抗压强度大于 60 MPa）的存在，因此不存在巨厚坚硬岩层断裂诱发矿震的条件。但煤层上方 50 m 内有一层 10 余米厚的砂岩顶板，其断裂运

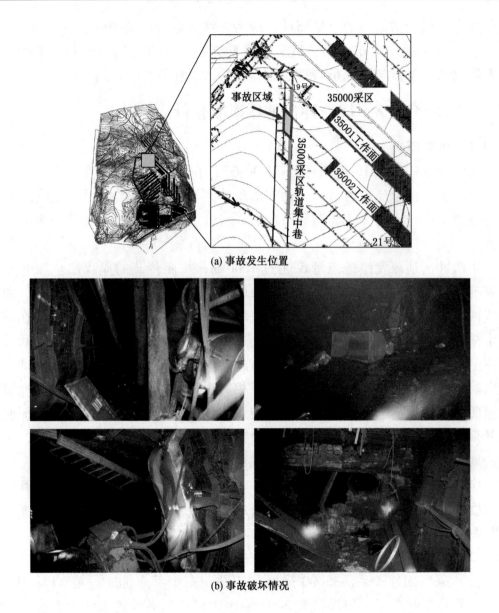

(a) 事故发生位置

(b) 事故破坏情况

图 10 - 8　梁宝寺煤矿"8·15"事故地点

动能够形成较大的动压显现。

（5）埋深情况。采区埋深 870～1060 m，由东到西逐渐增大。

（6）地表沉陷情况。由于缺少地表沉陷的观测资料，地表沉陷情况不清楚。但根据类似条件的开采规律，地表沉降远未达到充分采动条件，煤层上方有大面积悬顶结构，煤柱内存在较高的集中应力。

（7）大能量事件情况。35000 采区埋深大、煤层厚、开采强度大、受构造影响明显，出现了多次动力显现现象。35001 工作面推进约 320 m 时，发生一次大能量微震事件；35001 工作面回采至距离停采线 200 m 时，35000 集中大巷区域发生一次冲击地压事故，巷道破坏严重；35002 工作面回采至 DF_{413} 断层附近时，发生多次大能量微震事件，出现煤粉超标和工作面片帮现象。

（8）孤岛工作面开采情况。受地面村庄压煤影响，35000 采区均为条带和顺序开采，无孤岛工作面。

综上所述，35000 采区埋深大、煤层厚、构造应力高、动压显现明显，工作面回采过程中多次发生大能量微震事件；尤其是工作面回采至停采线附近时，受岩浆岩影响，区域构造应力复杂，冲击危险性显著增大。

10.4.3　主要诱因分析

1. 事故整体特征分析

事故发生地点埋深 1027 m，其附近的 35001 工作面处于回采期间，35002 工作面当时尚未开始回采，事故地点与 35001 工作面最近距离为 380 m，即事故地点并未处于回采的直接扰动区域。同时，直至这次事故发生的前 1 周，事故区域都没有出现微震事件；直至事故发生前 8 h，事故地点及其周围 300 m 范围内，才开始接收到 3 个微震事件，总能量也仅有 8710 J。

综上，该次事故最为显著的特征可归纳为：没有明显的直接扰动源；事故发生前并没有明显的微震前兆；事故释放的能量极大。

2. 事故诱因分析

有了上述特征，就可以通过反向分析和线索整合来追溯事故的源头：

（1）无明显扰动。说明造成事故的主体能量来源于煤体自身的积聚，而不是外部动载。

（2）没有微震前兆。说明事故前煤体内没有明显的破裂行为发生，即煤体正在以较为完整的状态持续积聚弹性能。

（3）事故能量释放量极大。结合前述两点，说明单纯在外部静载作用下，煤体即以较为完整的状态产生了较大的变形，以致内部弹性能积聚到危险的致灾量级；同时，可以注意到事故发生区域的煤体已经被 35000 皮带和轨道集中巷以及附近联络巷切割为四面独立的菱形孤岛结构，由此进一步增加了煤体内能量积聚的量级。

将上述线索进行整合就能够刻画出此次事故的发生诱因：在高水平原岩应力以及井巷结构的共同作用下，该部分煤体仅在静载作用下即达到了动力失稳前的临界平衡状态，即便 35001 工作面的扰动极为微小，甚至仅依靠深部条件下的流变行为，该部分煤体依然具有极大的失稳可能。

上述区域外围在事故后进行卸荷时，仍然有大能量事件不断发生，累计达14 次之多，且事件基本围绕事故地点分布，如图 10-9 所示。

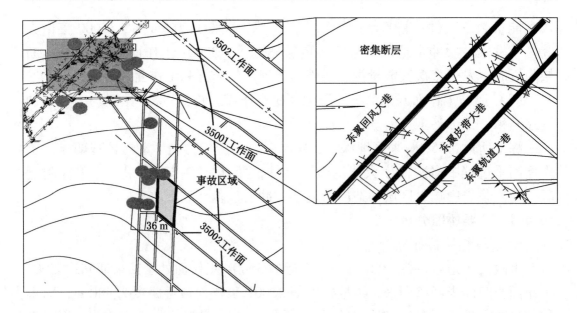

图 10-9 "8·15"事故后微震分布示意图

一般而言，冲击地压事故发生后，周边的能量都将因剧烈释放而处于相对较低的状态。但此次事故由于兼具复杂高原岩应力以及孤岛煤体结构，其周边能量并未在一次事故中得以完全释放，故而出现了后续的大能量事件。此外，事故后东翼回风、皮带、轨道大巷附近的密集断层带，也出现受扰动而活化的迹象，微震事件密集分布于该区域，也是属于弹性能一次释放不充分的后续影响。

根据此次事故的发生过程及之后周边巷道的变形与破坏情况，可以认为：显著的外部扰动并不是冲击地压发生的必要条件，对于受高静载影响的区域，即便无扰动也极有可能因为自身蠕变等造成局部破坏而诱发冲击地压事故的发生。

10.5 问题及解答：高静载条件下的冲击地压事故如何预防

2012 年，梁宝寺煤矿即发生过停采后的动力失稳。该矿对于防冲工作的重视程度不可谓不高，但由于埋深过千米，同时包含断层、褶曲、岩浆岩侵入等不利的地质构造，使得其煤体天然处于高水平复杂原岩应力状态，而高静载则是在没有显著扰动的地方发生两起冲击地压事故的关键诱因。

高静载下的煤体压力需要排解。但需要强调的是，如果环境给的压力过大而又无法根本改变时，仅有排解显然是不够的。

对于冲击地压防控，区域性措施的意义在于确定后续采掘活动的应力环境基调，避免进入压力过大的"死胡同"。之所以有这一认知，主要因为局部措施虽然能够"排解"一定的压力，但由于作用范围有限，其效果天然存在着制约：

只能在既定的基础上"锦上添花"，而不能创造出"雪中送炭"的根本性变化。如果区域尺度形成的应力环境不利于采掘，仅靠局部措施就想取得理想的防控效果显然是不现实的。预防高静载条件下的冲击事故，可采取以下两方面措施：

1. 重视区域性措施是实现有效预防的基础

对于既定的地质赋存条件而言，显然无法完全消除其不利影响，而井巷工程作为人为活动，则具有充分发挥主观能动性的空间。形成低应力开采环境的关键，在于采煤巷道布置系统与天然地质赋存条件的良性配合。具体而言包括以下内容：

（1）避免与异常地质构造产生不利互动。在基本明确矿井主要地质赋存特征的前提下，巷道开拓及工作面布置应当避免与已知的大型地质构造产生相交等不利行为。

（2）巷道走向避免与最大水平主应力方向相交。当巷道走向与最大水平主应力方向形成相交时，在采掘过程中将会使得临空煤体受到显著的"卸荷加载"作用影响，进而极易导致变形量显著增加，形成应力集中；同时应当注意，巷道尽可能布置在岩层之中，保证其稳定的服务能力。

（3）小煤柱或无煤柱设计。除必要的保护性煤柱外，应在进行充分论证的前提下尽可能缩小煤柱尺寸，从而在既定的条件下使得煤柱进入充分的塑性状态，避免过多弹性能的积聚。

（4）合理设计采区、水平、工作面接续顺序。在多煤层开采时，应当首先开采上部煤层以形成保护层，同时应当注意下部煤层停采线的内错布置，弱化上部采空区遗留煤柱的影响；在同一煤层开采时，应当注意工作面的接续顺序，避免孤岛工作面和异形工作面的形成。

（5）强支护设计。应当在支护设计环节强化支护体系对于弹性能的瞬间吸收和抵抗能力，形成有效的最后保护环节。

（6）充分利用数值模拟完成推演评估。结合日常化的地应力测试及反演技术，构建具有真实地质要素的数值模型，掌握地应力的分布细节，通过模拟对比不同方案的应力分布特征完成优选，扩充设计依据。

上述操作的基础在于充分掌握矿井尺度的地应力分布特征。目前多数矿井都将地应力测试作为阶段性点位测试，测试数量以及测试结果的时效性都难以保证。

对于诸如梁宝寺煤矿等具有复杂高原岩应力的情况而言，在上述建议基础上，大幅度扩充地应力测试密度，引入行业内具有较好效果的地应力反演技术，丰富上述建议执行时的依据，对于提高措施的可靠性将具有切实的意义。相比于极易发生的动力灾害及其带来的损失而言，该项工作的性价比是不言而喻的。

2. 保证对矿井状态的日常分析是关键

当然，以现有的技术装备水平，地应力测试或者构造探测都不可能无死角地获得全面信息，进而以此为依据的区域性措施也不可能面面俱到。因此，矿井在预防性区域措施都已执行到位的前提下，如何动态辨识实际采掘过程中的潜在风险尤为重要。

对于冲击地压而言，其作为动力灾害虽然成因复杂，但也满足基本逻辑：必然存在持续的能量补给源头；必然需要依赖于介质的某些属性以保证能量形式为弹性变形能；必然存在某种制约机制以保证弹性能积聚至失稳致灾的量级；制约机制必然会在特定条件下失效以形成大量弹性能的突然释放。

具体而言，能量补给源头要求有对应的应力要素，如埋深、构造等；介质能够存储弹性能要求其具有冲击倾向性；制约机制则可描述为煤柱、断层、孤岛煤体等能够阻碍能量流动的要素；制约机制失效则包括外部的动力扰动以及自身的材料破坏。

梁宝寺煤矿的埋深和断层构成了高水平且复杂的力源要素；煤和顶底板的弱冲击倾向性为其形成有效的弹性能积聚提供了物性基础；多处孤岛煤体和异形工作面，形成了对于能量流动的有效制约，促成了弹性能在局部区域的大量积聚；而在具备上述情况的前提下，煤体出现自身材料破坏最终诱发了大量已积聚弹性能的剧烈释放。

因此，对于冲击地压风险的准确辨识，并不能仅仅关注具有明显扰动的区域，只要"物性、结构、应力"这3个因素同时具备（图10-10），就应当引起足够的重视，万变不离其宗。

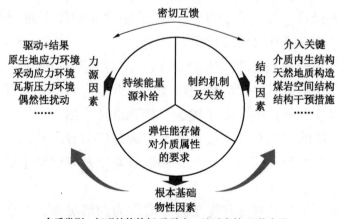

图10-10 "三因素"机理示意图

10.6　关于"8·15"冲击地压事故的思考与建议

冲击地压事故多数发生于工作面巷道的超前位置。该认知固然有其合理性，但也间接形成了冲击地压与采掘扰动密不可分的定式思维。正如上文所述，只要煤体能够存储弹性能并且能量达到一定量级，那么在制约机制失效的情况下就可能发生冲击地压。制约机制失效可以归因于结构失稳或材料失稳，而导致两种失稳的外部条件，既可以是动载扰动也可以是由于自身达到了承载极限。所以，在冲击地压防控工作中，仅把注意力放在采掘工作面等易受扰动的区域显然是有些片面的，梁宝寺的案例也验证了这一判断。

因此，对于类似具有高水平复杂原岩应力的矿井，在防冲工作中建议做到以下3点：

（1）避免开拓巷道布置在高应力煤体中，以防形成同时具备"物性、结构、应力"3个因素的高危煤体结构。

（2）加强井巷布局的日常动态分析，避免仅关注明显的采掘扰动区域，对于宽度较小的大巷保护煤柱、被巷道切割后形成的不规则/孤立结构煤体等均需要给予足够的重视，并开展对应的监测和防治工作。

（3）对于微震监测的预警规律要进行针对性的总结。微震作为区域性监测手段，关注其大能量事件固然合理，但切不可拘泥于此：对于演化趋势同样应当重视，尤其对于明显高应力区出现长时间微震静默的情况，更应当引起重视。

结　　语

　　煤矿冲击地压灾害防治不仅仅是生产安全问题，更是社会问题，已受到社会的广泛关注。因此，煤矿如何在确保煤炭产量的前提下，有效防止冲击地压灾害的发生，已是一项刻不容缓的事情。

　　为此，编著者在国家矿山安全监察局的直接领导下，组织有关专家，通过对我国冲击地压灾害事故的分析，从中提炼出 10 起典型事故案例，进行了较为系统的分析，使之能够作为《煤矿安全规程》和《防治煤矿冲击地压细则》的进一步深入的、针对性的解读或量化解释；也希望本书可以成为煤矿安全生产领域、煤矿安全监管监察领域相关人员了解、认识冲击地压的有力工具。

　　由于编著者水平有限，书中的不足和错误在所难免。同时，由于时间紧、任务重，相关研究工作深入程度不够，书中有关量化工作还不够具体，望读者多提宝贵意见。

参 考 文 献

[1] 齐庆新,彭永伟,李宏艳,等. 煤岩冲击倾向性研究 [J]. 岩石力学与工程学报, 2011, 30 (S1): 2736 – 2742.

[2] 齐庆新,潘一山,李海涛,等. 煤矿深部开采煤岩动力灾害防控理论基础与关键技术 [J]. 煤炭学报, 2020, 45 (5): 1567 – 1584.

[3] 杨伟利,姜福兴,温经林,等. 遗留煤柱诱发冲击地压机理及其防治技术研究 [J]. 采矿与安全工程学报, 2014, 31 (6): 876 – 880 + 887.

[4] 齐庆新,欧阳振华,赵善坤,等. 我国冲击地压矿井类型及防治方法研究 [J]. 煤炭科学技术, 2014, 42 (10): 1 – 5.

[5] 齐庆新,李一哲,赵善坤,等. 我国煤矿冲击地压发展 70 年: 理论与技术体系的建立与思考 [J]. 煤炭科学技术, 2019, 47 (9): 1 – 40.

[6] 李海涛,宋力,周宏伟,等. 率效应影响下煤的冲击特性评价方法及应用 [J]. 煤炭学报, 2015, 40 (12): 2763 – 2771.

[7] 国家煤矿安全监察局. 国家煤矿安监局关于印发《防治煤矿冲击地压细则》的通知. [EB/OL]. (2018 – 5 – 2) [2020 – 10 – 29] http://www. chinacoal – safety. gov. cn/xw/ zt/2018 zt/cjdy/zcfg/201807/t20180706_217594. shtml.

[8] 山东煤矿安全监察局. 关于山东能源肥矿集团梁宝寺能源有限责任公司 "8·15" 冲击地压事故的通报 [EB/OL]. (2016 – 8 – 25) [2020 – 10 – 29] http://www. mkaq. org/html/2016/08/25/386247. shtml.

[9] 姜耀东,王涛,陈涛,等. "两硬" 条件正断层影响下的冲击地压发生规律研究 [J]. 岩石力学与工程学报, 2013, 32 (S2): 3712 – 3718.

[10] 赵善坤,邓志刚,季文博,等. 多期构造运动影响下区域地应力场特征及其对冲击地压的影响 [J]. 采矿与安全工程学报, 2019, 36 (2): 306 – 314.

[11] 王存文,姜福兴,王平,等. 煤柱诱发冲击地压的微震事件分布特征与力学机理 [J]. 煤炭学报, 2009, 34 (9): 1169 – 1173.

[12] 杨光宇,姜福兴,王存文. 大采深厚表土复杂空间结构孤岛工作面冲击地压防治技术研究 [J]. 岩土工程学报, 2014, 36 (1): 189 – 194.

[13] 潘一山,肖永惠,李忠华,等. 冲击地压矿井巷道支护理论研究及应用 [J]. 煤炭学报, 2014, 39 (2): 222 – 228.

[14] 齐庆新,陈尚本,王怀新,等. 冲击地压、岩爆、矿震的关系及其数值模拟研究 [J]. 岩石力学与工程学报, 2003, 22 (11): 1852 – 1858.

[15] 刘学生,谭云亮,宁建国,等. 采动支承压力引起应变型冲击地压能量判据研究 [J]. 岩土力学, 2016, 37 (10): 2929 – 2936.

[16] 夏永学,康立军,齐庆新,等. 基于微震监测的 5 个指标及其在冲击地压预测中的应用 [J]. 煤炭学报, 2010, 35 (12): 2011 – 2016.

[17] 齐庆新. 层状煤岩体结构破坏的冲击矿压理论与实践研究 [D]. 北京: 煤炭科学研

究总院, 1996.

[18] 张修峰. 华丰煤矿煤柱冲击地压发生规律及防治 [J]. 岩石力学与工程学报, 2005, 24 (S1): 4765 - 4768.

[19] 王志强, 乔建永, 武超, 等. 基于负煤柱巷道布置的煤矿冲击地压防治技术研究 [J]. 煤炭科学技术, 2019, 47 (1): 69 - 78.

[20] 齐庆新, 史元伟, 刘天泉. 冲击地压粘滑失稳机理的实验研究 [J]. 煤炭学报, 1997, 22 (2): 34 - 38.

[21] 毛仲玉, 张修峰. 深部开采冲击地压治理的研究 [J]. 煤矿开采, 1996, (3): 39 - 43.

[22] 新汶矿务局华丰煤矿, 煤炭科学研究总院北京开采研究所. 华丰煤矿深部冲击地压预测预报与综合治理技术 (综合报告) [R]. 1996.

[23] 新汶矿业集团公司, 天地科技股份有限公司, 煤炭科学研究总院, 等. 新汶矿区深部开采冲击地压成因及治理技术 [R]. 2006.

[24] 齐庆新, 李宏艳, 邓志刚, 等. 我国冲击地压理论、技术与标准体系研究 [J]. 煤矿开采, 2017, 22 (1): 1 - 5, 26.

[25] 齐庆新, 李一哲, 赵善坤, 等. 矿井群冲击地压发生机理与控制技术探讨 [J]. 煤炭学报, 2019, 44 (1): 141 - 150.

[26] 齐庆新, 潘一山, 舒龙勇, 等. 煤矿深部开采煤岩动力灾害多尺度分源防控理论与技术架构 [J]. 煤炭学报, 2018, 43 (7): 1801 - 1810.

[27] 齐庆新, 窦林名. 冲击地压理论与技术 [M]. 徐州: 中国矿业大学出版社, 2008.

[28] 齐庆新, 李晓璐, 赵善坤. 煤矿冲击地压应力控制理论与实践 [J]. 煤炭科学技术. 2013, 41 (6): 1 - 5.

[29] 窦林名, 牟宗龙, 曹安业, 等. 煤矿冲击地压防治 [M]. 北京: 科学出版社, 2017.

[30] 潘一山, 冯夏庭, 何满潮, 等. 煤矿冲击地压 [M]. 北京: 科学出版社, 2018.

[31] 李利萍, 潘一山, 鞠翔宇, 等. 平均应力对超低摩擦型冲击地压影响试验研究 [J]. 中国矿业大学学报, 2020, 49 (1): 76 - 83.

[32] 李利萍, 李卫军, 潘一山. 冲击扰动对超低摩擦型冲击地压影响分析. [J]. 岩石力学与工程学报, 2019, 38 (1): 111 - 120.

[33] 李利萍, 潘一山. 深部煤岩超低摩擦效应能量特征试验研究 [J]. 煤炭学报, 2020, 45 (S1): 202 - 210.

[34] 刘军, 欧阳振华, 齐庆新, 等. 深部冲击地压矿井刚柔一体化吸能支护技术. [J]. 煤炭科学技术. 2013, 41 (6).

[35] 李新元, 马念杰, 钟亚平, 等. 坚硬顶板断裂过程中弹性能量积聚与释放的分布规律 [J]. 岩石力学与工程学报, 2007, 26 (S1): 2786 - 2793.

[36] 国家煤矿安监局事故调查司. 吉煤集团辽矿公司龙家堡煤矿 "6·9" 较大冲击地压事故剖析 [N]. 中国煤炭报, 2020 - 06 - 02 (003).

[37] 何云龙. 龙家堡煤矿 411 回采期间的冲击地压集中动载荷监测 [J]. 中小企业管理与科技, 2018 (8): 181 - 182.

［38］于先富. 龙家堡煤矿冲击地压测控技术研究 ［D］. 阜新：辽宁工程技术大学，2008.

［39］祁振龙，赵志勇，于兴河. 龙家堡煤矿冲击地压综合防治技术 ［J］. 煤炭技术，2016，35 （12）：172 – 174.

［40］岳虹男，郭文英. 杨凯到龙家堡煤矿检查灾害治理和防汛工作 ［J］. 吉林劳动保护，2018 （8）：4.

［41］木士春. 凝灰岩的物理化学性质及其开发利用 ［J］. 中国矿业，2000 （3）：20 – 23.

［42］蒋金泉，武泉林，曲华. 硬厚覆岩正断层附近采动应力演化特征 ［J］. 采矿与安全工程学报，2014，31 （6）：881 – 887.

［43］蒋金泉，武泉林，曲华. 硬厚岩层下逆断层采动应力演化与断层活化特征 ［J］. 煤炭学报，2015，40 （2）：267 – 277.

［44］赵善坤，欧阳振华，刘军，等. 超前深孔顶板爆破防治冲击地压原理分析及实践研究 ［J］. 岩石力学与工程学报，2013，32 （S2）：3768 – 3776.

［45］赵善坤，张广辉，柴海涛，等. 深孔顶板定向水压致裂防冲机理及多参量效果检验 ［J］. 采矿与安全工程学报，2019，36 （6）：1247 – 1256.

［46］齐庆新，雷毅，李宏艳，等. 深孔断顶爆破防治冲击地压的理论与实践 ［J］. 岩石力学与工程学报，2007，26 （S1）：3522 – 3527.

［47］吕进国，姜耀东，李守国，等. 巨厚坚硬顶板条件下断层诱冲特征及机制 ［J］. 煤炭学报，2014，39 （10）：1961 – 1969.

［48］罗浩，李忠华，王爱文，等. 深部开采临近断层应力场演化规律研究 ［J］. 煤炭学报，2014，39 （2）：322 – 327.

［49］白继文，李术才，刘人太，等. 深部岩体断层滞后突水多场信息监测预警研究 ［J］. 岩石力学与工程学报，2015，34 （11）：2327 – 2335.

［50］宋振骐，郝建，汤建泉，等. 断层突水预测控制理论研究 ［J］. 煤炭学报，2013，38 （9）：1511 – 1515.

［51］赵善坤，张宁博，王永仁，等. 逆冲断层下冲击危险煤层采场矿压规律试验研究 ［J］. 煤炭科学技术，2015，43 （10）：61 – 67.

［52］赵善坤. 采动影响下逆冲断层"活化"特征试验研究 ［J］. 采矿与安全工程学报，2016，33 （2）：354 – 361.

［53］刘学增，刘金栋，李学锋，等. 逆断层铰接式隧道衬砌的抗错断效果试验研究 ［J］. 岩石力学与工程学报，2015 （10）：2083 – 2090.

［54］钱鸣高，石平五. 矿山压力与岩层控制 ［M］. 徐州：中国矿业大学出版社，2003.

［55］潘一山，李忠华，章梦涛. 我国冲击地压分布、类型、机理及防治研究 ［J］. 岩石力学与工程学报，2003，22 （11）：1844 – 1851.

［56］李忠华，潘一山. 基于突变模型的断层冲击矿压震级预测 ［J］. 煤矿开采，2004，9 （3）：55 – 57.

［57］张科学，何满潮，姜耀东. 断层滑移活化诱发巷道冲击地压机理研究 ［J］. 煤炭科学技术，2017，45 （2）：12 – 20.

［58］焦振华. 采动条件下断层损伤滑移演化规律及其诱冲机制研究［D］. 北京：中国矿业大学（北京），2017.

［59］赵善坤，刘军，王永仁，等. 煤岩结构体多级应力控制防冲实践及动态调控［J］. 地下空间与工程学报，2013，9（5）：1057－1065.

［60］李新元，李秋. 具有冲击地压危险的煤层开采布置的优化设计［J］. 煤炭工程，2005，（4）：9－11.

［61］姜耀东，刘文岗，赵毅鑫，等. 开滦矿区深部开采中巷道围岩稳定性研究［J］. 岩石力学与工程学报，2005，（11）：1857－1862.

［62］张绍忠，张振国，刘长水. 开滦煤炭深部开采冲击地压发生规律与监测技术研究［J］. 河北煤炭，2011，（2）：12－15.

［63］赵斌，李秋，李新元. 矿井深部开采冲击地压发生的规律及影响因素［J］. 煤炭工程，2005，（11）：54－56.

［64］宫本毅，辛玉美，李兴云. 唐山矿8－9合区煤层潜在冲击危险特性的研究［J］. 煤炭科学技术，1987，（5）：6－10＋60.

［65］兰大奇. 唐山矿采准巷道冲击地压机理初探［J］. 煤矿开采，1994，（2）：61.

［66］李国刚. 唐山矿五八煤层冲击地压预测预报［J］. 矿山压力，1986，（1）：47－52＋79.

［67］赵善坤，李英杰，柴海涛，等. 陕蒙地区厚硬砂岩顶板定向水力压裂预割缝倾角优化与防冲实践［J］. 煤炭学报，2020，45（S1）：150－160.

［68］王宏伟. 长壁孤岛工作面冲击地压机理及防冲技术研究［D］. 北京：中国矿业大学（北京），2011.

［69］王宏伟，姜耀东，杨忠东，等. 孤岛工作面煤岩冲击危险性区域多参量预测［J］. 煤炭学报，2012，37（11）：1790－1795.

［70］陈卫军. 鄂尔多斯西部煤矿冲击地压治理技术研究［J］. 煤炭科学技术，2018，46（10）：99－104.

［71］司志群，田军先，岳官禧. 掘锚一体化实现煤巷快速掘进的几点思考［J］. 煤矿开采，2006（4）：22－24.

［72］李韦军，赵乾. 大煤柱留设在某矿冲击地压灾后恢复治理中的实践与应用［J］. 华北科技学院学报，2019，16（4）：36－41.

［73］吴其. 鄂尔多斯冲击地压矿井大采高工作面巷道布置方式探讨［J］. 内蒙古煤炭经济，2019（5）：103＋148.

［74］杨森，常庆灵，司广宏. 基本顶实体煤内侧破断空巷道力学模型及结构稳定性分析［J］. 山东煤炭科技，2017（2）：52－55＋59.

［75］张宁博，欧阳振华，孔令海. 坚硬顶板近距离煤层覆岩运移与应力演化特征［J］. 煤矿安全，2016，47（1）：216－219.

［76］赵善坤. 重复采动下顶板含水巷道顶底板变形机理及控制［J］. 煤矿开采，2016，21（3）：63－68.

［77］王寅，付兴玉，李凤明，等. 房式采空区失稳煤柱下回采异常矿压发生机理［J］. 煤

矿开采，2016，21（4）：103-107.

[78] 付兴玉，李宏艳，李凤明，等. 房式采空区集中煤柱诱发动载矿压机理及防治研究 [J]. 煤炭学报，2016，21（6）：1375-1383.

[79] 邓志刚，齐庆新，赵善坤，等. 自震式微震监测技术在煤矿动力灾害预警中的应用 [J]. 煤炭科学技术，2016，44（7）：92-96.

[80] 张宁博，欧阳振华，赵善坤，等. 基于粘滑理论的断层冲击地压发生机理研究 [J]. 地下空间与工程学报，2016，12（S2）：894-899.

[81] 赵善坤，黎立云，吴宝杨，等. 底板型冲击危险巷道深孔断底爆破防冲原理及实践研究 [J]. 采矿与安全工程学报，2016，33（4）：636-643.

[82] 赵善坤. 强冲击危险厚煤层孤岛工作面切眼贯通防冲动态调控 [J]. 采矿与安全工程学报，2017，34（1）：67-73.

[83] 马斌文，邓志刚，赵善坤，等. "两硬" 条件下回采巷道强矿压显现防治技术研究 [J]. 煤矿安全，2017，48（12）：139-141.

[84] 孔令海，邓志刚，梁开山，等. 深部煤巷顶帮控制防治冲击地压的研究 [J]. 煤炭科学技术，2018，46（10）：83-90.

[85] 赵善坤，张宁博，张广辉，等. 双鸭山矿区深部地应力分布规律与区域构造作用分析 [J]. 煤炭科学技术，2018，46（7）：26-35.

[86] 蒋军军，邓志刚，赵善坤，等. 动载荷诱发卸荷煤体冲击失稳动态响应机制探讨 [J]. 煤炭科学技术，2018，46（7）：41-48.

[87] 赵耀中，张宁博，邓志刚，等. 褶曲构造型矿区地应力场分布特征与冲击机制研究 [J]. 煤矿安全，2019，50（5）：23-26，30.

[88] 李一哲，赵善坤，齐庆新，等. 井间高位岩层联动诱冲机制及防冲方法初探 [J]. 煤炭学报，2020，44（5）：1681-1690.

[89] 付兴玉，于华江，张彬，等. 厚煤层综放回采率对坚硬顶板破断步距影响机制研究 [J]. 煤矿安全，2019，50（8）：34-40.

[90] 张宁博，赵善坤，赵阳，等. 逆冲断层卸载失稳机理研究 [J]. 煤炭学报，2020，45（5）：1671-1680.

[91] 张宁博，赵善坤，邓志刚，等. 动静载作用下逆冲断层力学失稳机制研究 [J]. 采矿与安全工程学报，2019，36（6）：1186-1193.

[92] 孔令海. 特厚煤层大空间综放采场覆岩运动及其来压规律研究 [J]. 采矿与安全工程学报，2020，37（5）：943-951.

[93] 李海涛，蒋春祥，姜耀东，等. 加载速率对煤样力学行为影响的试验研究 [J]. 中国矿业大学学报，2015，44（3）：430-436.

[94] 李海涛，刘军，赵善坤，等. 考虑顶底板夹持作用的冲击地压孕灾机制试验研究 [J]. 煤炭学报，2018，43（11）：2951-2958.